吾乡吾衣

《吾乡吾衣：苏州甪直水乡妇女服饰》编纂委员会　编著

苏州大学出版社

图书在版编目(CIP)数据

吾乡吾衣：苏州甪直水乡妇女服饰/《吾乡吾衣：苏州甪直水乡妇女服饰》编纂委员会编著. -- 苏州：苏州大学出版社，2024. 9. -- ISBN 978-7-5672-4925-7
Ⅰ. TS941. 742
中国国家版本馆 CIP 数据核字第 202445JZ81 号

Wuxiang Wuyi：Suzhou Luzhi Shuixiang Funü Fushi
书　　名：吾乡吾衣：苏州甪直水乡妇女服饰

编　　著：《吾乡吾衣：苏州甪直水乡妇女服饰》编纂委员会
责任编辑：倪浩文
特约编辑：戴云辰
封面插画：李世川

出版发行：苏州大学出版社(Soochow University Press)
社　　址：苏州市十梓街 1 号　**邮编**：215006
印　　刷：苏州越洋印刷有限公司
邮购热线：0512-67480030
销售热线：0512-67481020

开　　本：700 mm×1 000 mm　1/16　**印张**：15. 25　**字数**：258 千
版　　次：2024 年 9 月第 1 版
印　　次：2024 年 9 月第 1 次印刷
书　　号：ISBN 978-7-5672-4925-7
定　　价：218. 00 元

若有印装错误，本社负责调换
苏州大学出版社营销部　电话：0512-67481020
苏州大学出版社网址　http://www. sudapress. com
苏州大学出版社邮箱　sdcbs@ suda. edu. cn

编纂委员会

序

苏州甪直水乡妇女服饰是我国汉族劳动人民服饰的杰出代表，这一评价名副其实。

由于工作关系，我去各地参加活动和田野调查机会比较多，走了不少地方，看到过祖国各地区、各民族、各阶层的服饰，产生了一个印象，即汉民族服饰相对单一，不像少数民族地区那样丰富多彩、异彩纷呈。对汉服是汉民族的传统服饰，以及“衣冠上国”“礼仪之邦”“锦绣中华”的说法多少有些疑惑。周民森主编的这本书改变了我的成见。吴东水乡地区劳动人民在漫长的稻作农业社会，根据生产生活以及民俗民风的需要，创造并发展成的苏州甪直水乡妇女服饰丰富多样，别有洞天，令人惊叹。从这个意义上讲，对苏州甪直水乡妇女服饰的整理、出版，具有开创性意义。

早在 2019 年 7 月 26—27 日，中国民间文艺家协会（简称“中国民协”）调研组一行慕名来到江苏省苏州市吴中区，在木渎镇、光福镇、香山街道、城南街道等地调研中国民协基层组织建设和民间工艺发展情况时，我就听说了已经被列入首批国家级非物质文化遗产（“非物质文化遗产”简称“非遗”）代表作的“苏州甪直水乡妇女服饰”。2020 年 7 月 31 日—8 月 3 日，调研组继续由中国民协分党组成员、副秘书长侯仰军带队，冒着酷暑再次深入吴中区，就“如何完善民间文艺精品创作生产传播引导机制，不断推出文质兼美的优秀作品”开展专题调研。

吴中区和甪直镇的文联领导陪同调研，甪直镇民间文艺协会会长周民森详细介绍了甪直镇的民间文艺和已经被列入各级保护名录的非物质文化遗产代表作。听着周老师满怀激情的讲解，我们不仅借此丰富了专题调研的内容，更为他的“非遗人生”、家乡情怀所感动。周民森不仅把在当地流传了几千年的传统妇女服饰主持申报成了首批国家级非遗，还团结带领全体文化工作者和广大人民群众，致力于传承创新，让苏州甪直水乡妇女服饰的民俗文化和甪直连厢的民间文艺有机糅合，创下了十进央视的奇迹。调研间隙，甪直镇专门安排了当地特色歌舞“打连厢”，独具特色的汉民族民间歌舞表演，让人耳目一新。我们调研组当即建议申报中国民间文艺“山花奖”。由于收到材料时比较晚，再加上这一届的评奖民间歌舞类竞争十分激烈，最终未能如愿，希望以后继续努力。

近期，我收到《吾乡吾衣》书稿，说实在的，该书名就让我倍感亲切，简简单单四个字“吾乡吾衣”，寄托着拳拳赤子心，流淌着殷殷桑梓情。全书分九章，从“申报非遗”开篇，介绍了甪直镇从保护民族民间文化，到申报非物质文化遗产的艰辛历程。然后从苏州甪直水乡妇女服饰的“款式特征”“技艺赏析”“服饰与礼仪”以及“服饰与稻作文化”各方面，详细介绍了“吾乡吾衣”的种类款式、拼接技艺，以及服饰与当地民俗礼仪、稻作文化的渊源。再通过“考古溯源”，介绍了甪直地区的悠久历史和灿烂文化。最后以“保护与传承”“守正与创新”“特色活动拾锦”几个部分，介绍了申遗成功以来，甪直镇文化工作者在地方党委、政府的关心支持下，为苏州甪直水乡妇女服饰展演传承和创新发展所做的艰辛工作、取得的辉煌成果。

《吾乡吾衣》的出版，不仅有效记录了国家级非遗项目“苏州甪直水乡妇女服饰”悠久的历史传承、丰富的民俗意涵、独特的工艺技巧，还为各地传承保护和创新发展优秀民间文艺提供了可以借鉴的苏州样板。

中国文联民间文艺艺术中心副主任
刘加民
2024年3月18日

目录

CONTENTS

第一章 申报非遗

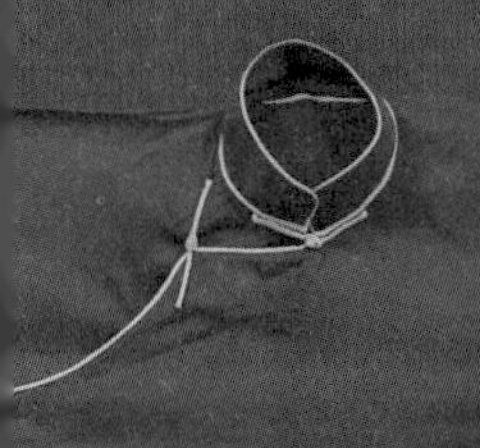

苏州市吴中区甪直镇，位于苏州城东约18千米处。从境内的澄湖遗址和张陵山遗址出土文物可考证，早在五六千年前，这里便有人类居住繁衍，崧泽文化、良渚文化、吴文化的文明印迹，在甪直一脉相承。甪直境域120平方千米，南拥澄湖，北靠吴淞江，西接苏州工业园区，东邻昆山南港，交通便捷，物产丰富，人杰地灵，先后荣获“全国环境优美镇”“全国重点镇”“全国特色景观旅游名镇”“外向型经济明星镇”等荣誉称号。1992年，被费孝通先生赞誉为“神州水乡第一镇”。

甪直镇古称“甫里”，境内古迹众多，桥梁密布，最多时有各式古桥72座半，现存38座，“双桥”之景有6处，人称“江南桥都”“中国桥梁历史博物馆”。它是首批中国历史文化名镇、国家4A级旅游风景名胜区。甪直有陆龟蒙、高启、许自昌、陈道复、王韬、叶圣陶等文化名人，有保圣寺塑壁罗汉、清风亭、沈宅、万盛米行等历史遗存，有甪直水乡妇女服饰、甪直连厢、甪直宣卷、甪直山歌等非物质文化遗产。悠久灿烂的历史文化，赋予甪直无穷的魅力和活力。

甪直风土清嘉，河网纵横，历来是江南鱼米之乡。2003 年在澄湖遗址出土的四五千年前的炭化稻谷，证明甪直地区的稻作文化源远流长。伴随稻作文化世代延绵的还有独具特色的服饰文化。甪直不但有金灿灿的水稻，还有清凌凌的“水八仙”。甪直妇女的传统服饰，与平时的生产生活密切相关，主要有包头、肚兜、大襟拼接衫、拼裆裤、襡裙、襡腰、卷髈、绣花鞋等构件，其制作工艺包括拼接、绲边、绣花等，一针一线，凝结着水乡劳动人民的智慧。甪直因其风姿绰约、清秀可人的水乡服饰，被人们喻为“苏州的少数民族”。

2003 年 10 月 17 日，联合国教科文组织第 32 届大会首次通过《保护非物质文化遗产公约》，它不仅详细界定了非物质文化遗产的概念以及它所包括的范围，还在世界范围内启动了抢救和保护非物质文化遗产的文化传

美丽的甪直乡村
©刘洋

承工程。2005年3月26日，国务院办公厅印发《关于加强我国非物质文化遗产保护工作的意见》，在全国范围内开启了非物质文化遗产的保护工作，并通过申报、评审、认定，逐步建立起国家级和省、市、县（区）级非物质文化遗产代表作名录体系。就是在这样的背景下，2005年6月13日，经专家评审认定，苏州市人民政府批准并公布，甪直水乡妇女服饰成为首批苏州市级非物质文化遗产代表作。2006年5月20日，苏州甪直水乡妇女服饰经国务院批准并公布，被列入第一批国家级非物质文化遗产代表作保护名录。

苏州甪直水乡妇女服饰，是以甪直为中心的原吴县东部地区（以下简称“吴东地区”）广大农村世代相传的传统妇女服饰。甪直及周边的车坊、斜塘、胜浦、唯亭等地区的农村妇女服饰基本相同，每一个构件都与当地的生产劳动和民间民俗文化紧密相连，是吴东地区活态传承的文明基因。

多年来，甪直镇坚持“在保护中传承，在传承中弘扬”的发展理念，不仅为地区人民留下了宝贵的精神遗产，也为丰富人民群众的精神文化生活、促进文旅融合发展，作出了有益的探索和应有的贡献。

第一节 保护民族民间文化

我国历史悠久、幅员辽阔，民族民间的传统文化绚丽多姿、异彩纷呈。中华五千年文明就植根于民族民间。源远流长、世代相承的民族民间文化，是中华民族身份的象征，是促进民族团结进步、保持国家繁荣富强的坚实基础，是凝聚全国各族人民的重要精神力量。

吴县是春秋吴国的中心，它曾管辖苏州古城及城外四周广大的区域。千百年来，吴县名称多变，但治所基本上都设在苏州郡城内。1949 年 4 月 27 日，吴县解放，市、县分设，析城区和郊区置苏州市，周围三十多个乡镇为吴县。吴东地区的车坊、斜塘、跨塘、锦溪、甪直、胜浦、唯亭等乡镇的农村妇女们日常穿着的传统服饰，历经千年传承，款式多姿多彩，色彩艳而不俗，工艺简朴独特。

自 1979 年起，由文化部牵头，会同国家民族事务委员会、中国文学艺术界联合会等部门陆续发起了一项在全国范围内收集、整理、编纂和出版“中国民族民间文艺集成志书（十卷）”的浩大工程。这是我国民族民间传统文化保护事业的一次伟大创举。

20 世纪 80 年代，随着国家改革开放的不断深入、江南乡镇工业的不断发展，传统稻作农业经济时代渐行渐远，传承了千百年的吴东水乡妇女服饰濒临消失。其间，南京博物院民族民俗部魏采苹、屠思华等专家深入吴县甪直、胜浦两镇的个别乡村，调查、研究吴东水乡妇女服饰。研究表明，吴东地区的妇女服饰款式独特、历史悠久、文化深厚，是汉民族劳动人民服饰的杰出代表，是吴东地区民间文化的智慧结晶。

据原吴县文管会主任张志新回忆，1986 年是苏州建城 2500 周年，为了庆祝建城 2500 周年，苏州人忙碌着，吴县文管会更是从年初就开始筹备“吴县出土文物展”“吴东水乡妇女服饰展”“东山乡土文化展”，力争拿出有说服力的东西来说明吴地悠久文明的历史。吴县文管会在配合南京博物院专家田野调查的基础上，因势利导，向当地农民征集了传统妇女服饰，撰写陈列提纲，设计展陈方案……是年 9 月 25 日，“吴东水乡妇女服饰民俗展览”在甪直保圣寺天王殿内隆重揭幕，吴县以及来自苏州、南

吴东水乡妇女服饰民俗展览开幕
© 张志新

京、上海等地的领导和专家共两百余人参加了开幕式。该展览首次通过文字、图片、实物等形式，向人们系统介绍了吴东水乡妇女服饰。苏州电视台、《苏州日报》、上海《新民晚报》相继作了报道。吴东地区以水乡妇女服饰为代表的民族民间文化，就这样开始被更多的人关注。

1998 年，甪直镇人民政府为挖掘和保存这种传统服饰，发展古镇旅游产业，拨专款，委托甪直图片社王爱民参照保圣寺天王殿“吴东水乡妇女服饰民俗展览”的展陈内容，在沈柏寒老宅内易地布置“吴东水乡妇女服饰展”，以充实、丰富甪直古镇的旅游项目。王爱民接受任务后，邀请古镇居民严焕文一起，走村串户，征集服饰，拍摄照片，编撰说明文字，对展陈内容和形式都做了调整和补充。10 月 24 日，“中国 · 苏州甪直水乡妇女服饰文化旅游节”在古镇牌楼前隆重开幕，甪直古镇旅游业从此启幕，以保圣寺及叶圣陶纪念馆为龙头，串联起沈柏寒老宅（“吴东水乡妇女服饰展”）、万盛米行、王韬纪念馆、萧芳芳演艺馆等景点，以联票的形式出售，向游客开放。

甪直镇的民间文艺丰富多彩，有打连厢、挑花篮、荡湖船、唱山歌、宣卷、唱戏……每到农闲时节，尤其是节庆日、庙会日，村村有活动，热闹非凡。这些民间文艺最大的特色，是参与活动的女性都穿着传统的服饰。于是，甪直镇旅游公司每逢周末，就邀请一些乡村的农妇到保圣寺草地上打连厢，吸引游客观赏。

2000年1月4日，周民森调任甪直镇文化站（2002年改称“苏州市吴中区甪直镇文体教育服务中心”，2018年改称“苏州市吴中区甪直镇文化体育活动中心”，下皆简称“甪直镇文体中心”）副站长，主持全面工作。他是地道的甪直人，从小受甪直民间文化的熏陶，非常了解当地的传统妇女服饰。他经历了吴县的区划调整，深刻感受到当地文化教育的繁荣和社会经济的发展。提到对甪直民间文化的保护和传承，他总是感恩于伟大的时代，认为是天时地利人和的综合优势使甪直镇从吴县特色文化之乡走向中国民间文化艺术之乡。

2003年，文化部、财政部、国家民委和中国文联联合启动“中国民族民间文化保护工程”，标志着我国的民族民间文化保护工作开始走上全面的整体性的保护阶段。2004年4月8日，苏州市被文化部、财政部等确定为中国民族民间文化保护工程综合性试点城市。苏州民族民间文化的保护工作得到了国家的高度重视和社会的普遍认同，也迎来了新机遇。2004年5月25日，苏州市人民政府颁发苏府〔2004〕88号文件《苏州市人民政府关于批转中国民族民间文化保护工程苏州市综合性试点总体实施方案的通知》，文件明确，保护工程是在以往民族民间文化保护工作成果的基础上，结合新时期的新情况和新特点，由政府组织实施推动的，对珍贵、濒危并具有历史、文化和科学价值的民族民间文化进行有效保护的一项系统工程。

甪直镇以苏州市被确定为中国民族民间文化保护工程综合性试点城市为契机，深入开展民族民间文化保护的宣传活动，努力增强全民保护意识，加大依法保护力度，建立健全保护机制，落实保护措施，探索保护途径。甪直镇文体中心遵循文化部门倡导的“一镇一品”保护民族民间文化方针，结合本地实际，明确以甪直水乡妇女服饰文化为特色元素，打造“甪直水乡妇女服饰文化”特色品牌。

甪直镇文体中心与镇妇联紧密合作，组建以中小学音乐老师和各村妇女主任为骨干的甪直水乡文化艺术团，同时健全各行政村的水乡妇女服饰表演队，明确规定参演者必须身着完整的传统妇女服饰，从头饰到上衣、襡裙、襡腰，再到拼裆裤、绣花鞋。充分利用文体中心阵地和保圣寺西侧操场，以点带面，积极组织开展打连厢、挑花篮等“甪直水乡妇女服饰文化”展演活动。短短几年时间，甪直镇的民间文艺展演在市区群众文艺会

秋游甪直古镇
© 周敏伟

参加“中国民族民间歌舞盛典”的甪直水乡妇女在天安门前
© 周民森

演、展示等活动中不断亮相，深受好评，苏州电视台、《苏州日报》、上海东方电视台、《中国文化报》等媒体相继报道。2003—2005 年，甪直水乡文化艺术团连续被苏州市文化广电新闻出版局（简称“苏州市文广局”）评为“苏州市优秀业余文艺团队”。2004—2006 年，甪直镇连续被吴中区文化体育局（简称“吴中区文体局”）评为“吴中区特色文化乡镇”，被苏州市文广局评为“苏州市特色文化乡镇”。

2006 年 10 月，甪直镇文体中心应中央电视台、中国音乐家协会、中国舞蹈家协会邀请，由周民森带领 12 位甪直水乡妇女前往北京，参加“2006 中国民族民间歌舞盛典”。她们身穿传统的甪直水乡妇女服饰，唱着山歌，打起连厢，与全国各少数民族的同胞们一起，在中央电视台一号演播厅的大舞台上尽情展演苏州甪直水乡妇女服饰，以淳朴的吴侬软语唱响了“文化苏州”。中央电视台三套和十五套等频道直播，社会影响广泛。“草根文化央视争艳”入选苏州市 2006 年度第十五届社会主义精神文明建设十大新事。甪直水乡文化艺术团也被苏州市委宣传部、市文广局评为“2006 年度苏州市群众文化十佳业余团队”。

2007年2月，角直镇文体中心受到中央电视台七套邀请，周民森再次带领由角直水乡妇女组成的连厢舞表演队到北京，参加“九亿农民的笑声”——2007年全国农民春节联欢晚会。录制节目在2月17日除夕夜由中央电视台七套首播，中央电视台一套和三套等频道在春节期间重播。角直水乡妇女连厢队第二次进北京演出，还受到了中央电视台七套《乡土》栏目的高度重视，栏目组专门安排摄制组，从表演队抵达北京站到正式演出结束，全程跟踪拍摄。栏目组将拍摄的内容制作成三集节目《从乡村来到北京》，分别在2月14—16日中午的《乡土》栏目连续首播。

苏州电视台也特邀周民森和两位连厢队员做客演播厅，制作了《心有多大，舞台就有多大》的“视点”访谈节目。苏州电视台东吴有视频道于2007年2月11日19：00首播，21：00重播；苏州电视台生活资讯频道于2007年2月11日22：00首播，次日18：30重播。

角直镇的民间文艺二进央视，形成了苏州民间文化的新亮点。周民森清醒地意识到，这些成绩的取得，完全归功于角直水乡妇女服饰，以及保护、传承着该民俗文化的乡亲们。他凝心聚力，积极统筹，致力于创作文艺精品，再创苏州民间文艺的高峰，在吴中区文体局副局长唐峥嵘、科长杨海仁的大力协助下，特邀苏州市音乐家协会主席周友良，苏州市文化馆馆长谭亚新，苏州市舞蹈家协会主席、文化馆副馆长于丽娟等专家一起，创编音乐，撰写文案，编排舞蹈。从2006年5月“苏州角直水乡妇女服饰”被列入首批国家级非物质文化遗产代表作保护名录开始，历时一年多时间，终于成功创作了展示角直水乡妇女服饰的表演类节目《角直水乡行》。该群舞由32位身穿不同款式角直水乡妇女服饰的演员表演，生动展示了传统的角直水乡妇女服饰赖以生存的农耕场景，再加上打连厢等特色民俗，在音乐创作、舞美构思、舞蹈动作、节目编排等方面成功地突破常规，实现了民俗文化的创新发展。该节目荣获2007年江苏省群文新作大赛创作金奖和表演金奖。

2007年11月，角直水乡妇女携民间文艺打连厢，第三次应中央电视台邀请，参加第八届中国民间文艺“山花奖”颁奖典礼文艺演出。这届“山花奖”颁奖典礼由苏州市相城区人民政府承办，2007年11月30日晚在相城区文体中心举行。角直水乡妇女的连厢舞表演，作为江苏民间文艺的代表，在颁奖典礼上与来自祖国大江南北的民间艺人同台演出。中央电视台

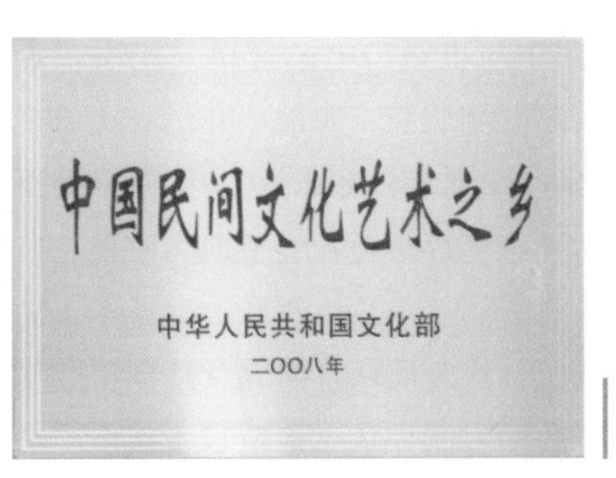

甪直镇荣获“中国民间文化艺术之乡”称号
© 甪直镇文体中心

七套录播了晚会的盛况。该连厢舞的音乐选自《甪直水乡行》“庆丰收”篇章，由中央电视台编导合成。是年，甪直水乡文化艺术团被评为2007年度“江苏省特色文艺团队”。

2008年，群舞《甪直水乡行》赴北京参加为期五天的北京奥运文化广场演出，为北京奥运加油、添彩，荣获首届中国农民文艺会演“金穗杯”奖。此外，该节目还荣获2008年第八届江苏省“五星工程奖”金奖。2009年，该节目荣获上海世博会“中华元素”银翎创意奖。2010年，又参加上海世博会的文化广场演出。

以展示甪直水乡妇女服饰为特色的文化活动，传承和弘扬着中华民族的优秀传统文化，推动着吴中甪直民间文艺的繁荣和发展。甪直镇先后被授予“吴中区特色文化乡镇”“苏州市特色文化乡镇”“江苏省特色文化之乡”，特色项目名称均为“苏州甪直水乡妇女服饰文化”。2008年，甪直镇被文化部评为“中国民间文化艺术之乡”。2011年，甪直镇再次被文化部评为“中国民间文化艺术之乡”。

第二节　申报非物质文化遗产

2004年6月28日—7月7日，联合国教科文组织第28届世界遗产委员会会议在苏州召开。这是世界遗产委员会会议第一次在中国召开，会议受到党中央、国务院的高度重视。会议期间，苏州市组委会还为参会代表组织了一系列丰富多彩的考察活动。当代表们漫步甪直古镇的古街、古桥，参观甪直古镇的古宅、古寺，观赏甪直农妇身穿传统服饰的民俗表演时，大家对甪直的小桥流水、粉墙黛瓦的水乡景观和浓郁的水乡妇女服饰民俗风情印象深刻，流连忘返。

我国政府以此次会议为契机，积极履行加入联合国教科文组织《保护非物质文化遗产公约》的义务，贯彻落实党和国家对我国重要文化遗产、优秀民间艺术保护工作的精神，国务院办公厅于2005年3月26日印发了《关于加强我国非物质文化遗产保护工作的意见》的文件。从此，我国正式启动了非物质文化遗产的保护工作，开始构建国家级和省、市、县（区）级非物质文化遗产代表作名录体系。苏州市积极响应，迅速贯彻落实《关于加强我国非物质文化遗产保护工作的意见》，并于2005年4月在全国率先开展苏州市级非物质文化遗产申报工作。

谈到“甪直水乡妇女服饰”申报苏州市级非物质文化遗产时，周民森总是激情满怀。他自豪地说：“以‘甪直水乡妇女服饰’为项目名称向苏州市文化广电新闻出版局申报苏州市级非物质文化遗产代表作，当时确实经过了反复思考，积极争取。”据周民森介绍，甪直与车坊两个乡镇的界

水乡姐妹情谊深
© 王爱民

角直农妇插秧忙
© 周民森

河，人称“席墟浦”。席墟浦与吴淞江的交汇处，正是角直、车坊、斜塘、胜浦等四个乡镇的交界。位于该交汇处周边的几个乡村，恰好是吴东水乡妇女服饰的中心区域。在吴东地区大约 360 平方千米的广袤乡村，妇女们的日常穿着基本相似，但处于这个中心区域的妇女服饰，特色尤其鲜明。以角直镇的东关、秀篁、公田、板桥、凌港、蒋浦、陶浜等乡村为核心区，妇女们鬏鬏头上的装饰最漂亮，包头的两角最接近 30°，拼接的技艺最讲究，褶裥、绣花最精致。

20 世纪 80 年代初期，魏采苹、屠思华等专家曾经深入吴县角直和胜浦两镇的个别乡村调研，发现吴东水乡妇女服饰历史悠久，文化意蕴丰富多彩，它既是吴地物质文化发展的标志，又包含着丰富的精神文化内涵，留下了吴东地区民间民俗文化的烙印。随着国家改革开放的不断深入，江南乡镇工业的不断发展，城市化建设步伐不断加速，传统稻作农业经济渐行渐远，吴东地区妇女服饰的功用性渐渐丧失，传承了千百年的吴东地区妇女服饰濒临消失。1994 年 2 月，经国务院批准，苏州市人民政府同新加坡

有关方面合作开发建设苏州工业园区，将苏州市东郊的娄葑乡和吴东地区的跨塘镇、斜塘镇、唯亭镇、胜浦镇（一乡四镇）划归苏州工业园区。2004年9月，苏州工业园区又将吴中区车坊乡的车坊居委会（车坊古镇）和朝前、横港、李家、大仓、金园、鄂田、旺浜、华云、车渔9个行政村划归苏州工业园区娄葑镇管辖，车坊乡江东地区及江湾村划归吴中区甪直镇管辖。

苏州工业园区的城市化建设步伐快、力度大、起点高，在较短时间内，辖区内所有村庄动迁，所有农田被征用。没过几年，工业园区内的乡村消失了，农民失去了世代耕种的土地，成了居民，住进了高楼。旧时人们司空见惯的吴东地区传统妇女服饰赖以生存的环境，只有甪直镇还保留着几个带有部分农田的乡村。而且随着农业机械化、现代化的不断推进，传统的水乡妇女服饰的穿着者、缝制者逐渐退出历史舞台，只剩下极少数对传统服饰情有独钟的中老年妇女仍在坚持穿戴。

2005年4—5月，在苏州市级非物质文化遗产申报工作期间，周民森出于对上述客观情况的深思熟虑，以及对保护传统民间文化的责任担当，说服了非遗办领导，把吴东地区妇女服饰以“甪直水乡妇女服饰”为项目名称，以吴中区文体局和甪直镇人民政府为项目保护单位，申报首批苏州市级非物质文化遗产。申报工作时间紧迫，资料奇缺，任务繁重。周民森不辞辛劳，走村串户，调查采访，收集资料。老裁缝陈永昌，传统婚礼资深喜娘龚梅英，胜浦镇文化站金文胤、马觐伯等前辈都给予热忱帮助，大力支持。特别让人感动的是，原吴县文教局副局长、吴中区非遗办顾问李福康，于5月2日冒着大雨从苏州市区把《吴地服饰文化》的珍贵资料送到甪直，交到正在加班填写苏州市级非物质文化遗产代表作申报书的周民森手中。李福康非常珍惜申报时间，竟然水也没喝一口，放下资料转身就走。就这样，在市、

区文化部门领导的关心支持下，在众多热心朋友的真诚帮助下，周民森利用五一长假的时间，废寝忘食地编写申报材料，终于在5月10日截止时间前完成了“甪直水乡妇女服饰”项目的申报。

为了科普非遗概念，营造申遗氛围，周民森与甪直镇妇联主任赵金香一起研究、策划，由文体中心与妇联联合举办2005年苏州甪直水乡妇女服饰文化展演大赛。5月20日下午，全镇20多支民间文艺表演队伍的200多名妇女，身着传统服饰，兴高采烈地从各自乡村聚集到保圣寺西院草地上参加展演活动。这不仅是甪直全镇妇女们的美事，也是甪直镇群众文化的盛事。苏州市文广局社文处、吴中区委宣传部、吴中区文体局等部门领导在甪直镇党委、政府领导的陪同下，来到活动现场。尽管这次表演没有搭建舞台，就在草地上进行，但丝毫没有影响妇女们的表演激情。她们按序上场，载歌载舞，有的打连厢，有的挑花篮，有的荡湖船……大家边唱边

乐此不疲 © 周民森

演，乐此不疲。《苏州日报》和苏州电视台的记者都前来采访、报道，社会影响深远。

令人欣喜的是，经专家咨询和评审委员会评审，并在《苏州日报》、原苏州文化广电新闻出版局网站等媒体上向社会公示，“甪直水乡妇女服饰”得到了苏州市民的认可。2005 年 6 月 13 日，苏州市人民政府颁发苏府〔2005〕70 号文件《苏州市人民政府关于公布苏州市第一批非物质文化遗产代表作名录的通知》，正式公布甪直水乡妇女服饰为苏州市第一批非物质文化遗产代表作，将其列入保护名录。

与此同时，文化部启动第一批国家级非物质文化遗产申报工作。苏州市文广局向文化部推荐申报“甪直水乡妇女服饰”。申报工作除了填写国家级非物质文化遗产代表作申报书外，还得拍摄、制作申报片。这样繁重的工作又一次落在周民森身上。他不但要继续收集、整理相关资料，积极填写国家级非物质文化遗产代表作申报书，而且还要认真撰写申报片文本，积极筹备申报片的拍摄工作。

国家级非物质文化遗产代表作申报书内容繁多，要求严格。针对封面的“申报项目”栏，考虑到地域位置、行政区划等因素，在“角直水乡妇女服饰”名称前添加了“苏州”二字，即项目名称定为“苏州甪直水乡妇女服饰”。项目类别选择为“消费习俗”。申报内容包括基本信息、项目说明、项目论证、项目管理、保护计划、专家论证意见等多个方面。

在“基本信息”栏，填写了“所在区域及其地理环境”，甪直的地形地貌为长江下游太湖沉积平原，地势低平，水网稠密，湖泊众多。气候类型属北半球亚热带季风气候，四季分明、温暖湿润，降水丰沛、日照充足。多水的自然地理条件，与大自然和谐相处的生存理

人工斫稻入镜来
© 周民森

念，使人们早在五六千年前就掌握了水稻的种植技术。《史记》记载："楚越之地，地广人希，饭稻羹鱼，或火耕而水耨。"人们就是在生产生活中，创造、发展了角直水乡妇女服饰。

"项目说明"栏，包括分布区域，历史渊源，基本内容，相关器具、制品及作品，传承谱系等六大内容。在"分布区域"部分，周民森特别指出该项目位于苏州古城东域的以角直为中心的360平方千米水乡地区。角直及周边的车坊、斜塘、胜浦、唯亭、张浦、锦溪、周庄等地区均有流传，但角直镇的水乡妇女服饰款式最美，堪称代表。在"历史渊源"部分，从角直镇南域的张陵山和澄湖的出土文物考证，到著名考古学家曾昭燏先生的《论周至汉之首饰制度》一文中的"包头"，到《旧唐书·舆服志》说的"江南则以巾褐裙襦"，再到《吴越春秋》说的越王勾践入臣于吴，"服犊鼻，着樵头，夫人衣无缘之裳，施左关之襦"，来说明苏州角直水乡妇女服饰是吴地劳动人民服饰的代表，经历了从稻作农业经济初期到现在的漫长岁月。在"基本内容"部分，叙述了苏州角直水乡妇女服饰

“显”“俏”“巧”的鲜明特色，它顺应了稻作生产和水乡生活的需要，传承稳定，显现出吴地劳动人民的创造才能。详细介绍了苏州甪直水乡妇女服饰按年龄分为中青年妇女服饰和老年妇女服饰两大类。每一类又按季节分春秋季服饰、夏季服饰和冬季服饰三款分别选介。其中，还介绍了苏州甪直水乡妇女服饰中的婚礼服和寿衣（详见第二章第二节）。在“相关器具、制品及作品”栏内，分别介绍了苏州甪直水乡妇女服饰的裁剪工具，有直尺、皮尺、划粉、剪刀、引线、针箍、线、镊子、熨斗、缝纫机等；发饰及妆饰有鬏鬏头和各式笄、簪、钗等；领口、襟边、袖口、裙边等部位的绲边有细香绲、一边绲、一边一线香绲、花鼓绲等；服饰纽襻有盘香纽襻、葫芦纽襻、蝴蝶纽襻等；带饰有包头带、肚兜带、襡裙带、襡腰带等。在“传承谱系”栏，不仅介绍了裁缝师傅陈永昌、王阿金、顾夫全，还介绍了传承人群中的农村妇女代表龚梅英、罗多林、顾培珍、王金仙、张全英、王梅等。

“项目论证”栏，包括基本特征、主要价值、濒危状况三部分。其中，在“基本特征”栏，初步概括了甪直水乡妇女服饰 10 个特征：伴随着稻作农业经济的产生和发展，不断演变为对民俗的依存性特征；在长期的农业

碧水·小桥·春色
© 周民森

生产活动中，妇女们根据不同季节、不同的农业生产劳动穿着不同的服饰，因而形成了水乡妇女服饰的系列性特征；服饰在用料、裁剪、缝纫、装饰等方面，极其讲究，拼接、绲边、纽襻、带饰和绣花的巧妙应用，体现了该服饰的装饰工艺性特征；服饰的拼接，最初受原料幅宽的限制和为节约布料，逐渐发展成变同色布拼接为异色布拼接、变客观实际需要的拼接为主观有意识的拼接，凸现了“显”“俏”“巧”的视觉艺术特征；成套的水乡妇女服饰既有保护身体的作用，又适宜从事水乡农业生产劳动，形成了实用性和方便性特征；在选料、裁剪和缝制上，既要考虑到季节，又要省料，还要考虑色彩，体现了经济性和美观性特征；除日常穿着外，结婚礼服和老年人的寿衣，反映了礼仪性和信仰性特征；考古发现和研究表明，角直水乡妇女服饰世代相传，相沿成习，形成了传承性和稳定性特征；按年龄、季节分门别类，品种齐全，拼接选料、色彩组合各显神通，构成了服饰的丰富性特征；该服饰在水乡农业生产劳动中形成和发展，但是在吴东地区以外的江南水乡，甚至广大汉族地区都非常少见，因而形成了苏州角直水乡妇女服饰的稀有性特征。

在“主要价值”栏内，先是概括叙述具有上述特征的苏州角直水乡妇女服饰是我国汉民族劳动人民服饰的杰出代表，在江南吴地民俗文化中占有的重要地位，显示出吴地人民的创造才能；然后介绍发掘、抢救、保护苏州角直水乡妇女服饰的主要价值。一是学术价值。在中国服饰文化中，渗透着政治的、阶级的、等级的内容。苏州角直水乡妇女服饰是吴地老百姓自己的服饰，但又明显区别于其他汉族地区的百姓服饰。它的丰富内容、基本特征和传承历史，在中国其他汉族地区的服饰中实属罕见。发掘、抢救、保护苏州角直水乡妇女服饰，对繁荣和发展吴地文化、研究中国传统服饰和民族民间文化都有极其重要的价值与意义。二是实用价值。发掘、抢救、保护苏州角直水乡妇女服饰，鼓励并扶持角直水乡妇女挑花篮、打连厢的业余文艺团队，对丰富人民群众的文化生活、发展角直古镇的文化旅游、构建和谐社会都将产生重要的促进作用。三是审美价值。苏州角直水乡妇女服饰蓝青、月白、桃红等色彩的装扮，既鲜明地显现出与大自然不同的异彩，又表现出人在大自然中的俏丽倩影，创造出人与服饰、人与自然相和谐的视觉艺术。四是传承价值。苏州角直水乡妇女服饰也是传统礼仪文化的显示和标志，在精神上表露出人们祈求幸福美满生活

乐在其中
© 周民森

的愿望，并受着宗教文化的影响。该服饰的绣花纹样，选用的植物花卉有10多种（芙蓉、荷花、海棠、梅花、牡丹、兰花、茉莉、桂花、山茶、玉兰、菊花），选用的植物及果实有7种（千年蒀、竹子、竹笋、寿桃、榛子、莲藕、荸荠），选用的动物有4种（蝙蝠、鲤鱼、蝴蝶、蜻蜓）。这些吉祥物取其谐音，寓意深刻，反映了劳动妇女追求美好生活的理想和信仰。这不仅体现了当地人民别具一格的创造力，表现出她们的审美情趣和爱美心理，更是民族文化、民间工艺得以绵延和传承的强大生命力的根源所在。五是民族交流价值。像角直水乡妇女穿着的拼接衫，我国沿海福建的惠安女，以及云南省文山州红舍克彝族支系的劳动妇女也有穿着。特别是彝族支系妇女拼接衫的色彩，拼接的方法，几乎与苏州角直水乡汉族妇女服饰的拼接完全一样。她们远隔千里，一个是少数民族，一个是地地道道的汉族，两者的关系值得深入探究。这必将促进我们从服饰文化上去研

究我国民族的形成、民族的迁徙、民族的融合，以及民族文化的交流。

在“濒危状况”栏，简要记述了当前存在着的不少难以解决的问题，诸如该服饰赖以生存、发展的社会基础发生的变革；裁剪、缝制者年事已高，有的相继谢世，许多绝活难以得到传承；年轻人对服饰审美观念发生了改变，少有怀旧的情愫。

在“项目管理”栏内，明确项目保护管理的责任主体是苏州市吴中区甪直镇人民政府，然后从近年来的投入资金情况、已采取的保护措施等方面详细阐述。

在“保护计划”栏内，不仅介绍了保护内容，还认真制订了“五年规划”，因地制宜地提出了保障措施和建立机制，实事求是地提出了经费预算及其依据说明。

在完成填报国家级非物质文化遗产代表作申报书的同时，周民森还承担起了申报片的撰稿和编导的职责。他认真撰写拍摄脚本，顺应农事节气设计拍摄场景，带着摄制组走进田间地头，组织引导农妇们再现劳动场景。为了尽可能丰富申报片的内容，摄制组走遍了甪直乡村，记录农妇从事不同的农活。他带着摄制组走进老裁缝的店铺，拍摄并记录陈永昌师傅裁剪和缝制包头、拼接衫、拼裆裤、襡裙等的过程。他还邀请龚梅英等民间能手分门别类地介绍苏州甪直水乡妇女服饰的款式、用途、缝制技艺……

根据文化部的申报要求，申报片分成“概述”“杰出价值”“濒危状况”“保护计划”等4个篇章，时长不超过20分钟。经过反复的编辑、审片、论证，苏州甪直水乡妇女服饰申报片的“概述”部分，不仅介绍了苏州市、吴中区、甪直镇的地理历史，还重点介绍了苏州甪直水乡妇女服饰的分布区域、款式特征、

2005年，周民森（左）在南京博物院采访魏采苹（中）、屠思华（右）两位专家
© 周龙

历史渊源。千百年来，甪直水乡妇女们因地制宜，顺应当地自然条件的变化、生产生活的需求、民情风俗的习惯，自身穿着的服饰经过一代一代的发展、演变，才成为今天既有江南农村妇女服饰的共性，又有苏州甪直水乡妇女服饰个性的汉民族服饰。

申报片的“杰出价值”部分，除了通过考古发掘、文献资料加以论述外，还邀请相关专家出镜讲述。在吴中区文管办副主任姚勤德的帮助下，联系上了魏采苹和屠思华两位专家。摄制组在吴中区非遗办李福康、董兴国，以及文管办姚勤德三位领导的陪同下，前往南京博物院。魏采苹得知苏州甪直水乡妇女服饰要申报国家级非遗，想到她当年深入吴东地区潜心调研的民俗文化将得到依法保护传承，面对镜头，兴奋不已，侃侃而谈道：“以甪直水乡为代表的吴东地区妇女服饰，具有汉民族妇女服饰的代表地位，而这个服饰最大的特点是它是劳动人民的服饰。”她认为，由于该服饰具备多重特性，从两千多年前流传下来，一直到现在仍然为劳动人民所使用。苏州甪直水乡妇女服饰的具象结构、裁剪方式、用料选择、加工工艺，都非常完整地保留了下来，凝聚了劳动人民的智慧和创造才能，反映了劳动人民的审美情趣，艺术价值极高。吴地的服饰文化是多姿多彩的，它揭示出服饰文化发展的规律。使用价值和功能是人类发明创造和改革服饰的决定因素。苏州甪直水乡妇女服饰文化的历史极其悠久，有很强的传承性和稳定性，对研究我们民族的形成，以及我们民族文化的交流和融合，都具有重要的价值。魏采苹激情满怀地强调，苏州角直水乡妇女服饰作为我们中华民族的珍贵的历史文化遗产，是有极其重要的价值和意义的！

在申报片中的“濒危状况”部分，邀请了几位老中青妇女代表来现身说法。老年代表讲述她的经历，不管是在新中国成立前，还是在人民公社年代，角直水乡地区的妇女，不管是生产还是生活，都穿着传统服饰。每逢农闲季节，妇女们就留在家里缝制服饰。那个时期，年轻姑娘常常跟随母亲与邻里乡亲三五成群聚在一起，通过“传、帮、带”的形式，开始学习针线活，穿针引线，巧缝妙绣，代代相传。中年代表则谈自己的感受，新世纪初，农田被征用，农民告别了稻作农业时代，不再从事传统农业生产劳动，所以不需要穿着传统服饰了。再说现在大家都在赶超潮流、追求时尚，已经把角直水乡妇女服饰看成了“古董”。事实上，真正意义上的苏州角直水乡妇女服饰的穿着者、缝制者，在角直一带水乡地区已难以寻觅。特别是擅长裁剪该传统服饰的老裁缝年岁大、人数少，原本能裁剪会缝制的农妇，也都成了老年人。

在申报片的“保护计划”部分，时任角直镇人民政府镇长王显军郑重介绍，苏州角直水乡妇女服饰是汉民族劳动人民服饰的杰出代表，有着鲜明的地域特色和浓郁的乡土气息，并且历史悠久，文化内涵丰富，显现出我们人类物质文明和精神文明的成就。为了保护和传承苏州角直水乡妇女服饰文化，角直镇党委、政府制订了保护和发展苏州角直水乡妇女服饰文化的“五年规划”，并将严格按照规划实施，使我们的民族民间文化遗产得到有效的保护和传承。一是打造苏州角直水乡妇女服饰特色文化之乡；二是成立苏州角直水乡妇女服饰文化研究学会；三是开辟苏州角直水乡妇女服饰文化传习基地；四是进行调查研究，不断做好相关资料的收集、整理，加强保护与传承；五是创作民间文艺精品，加大保护、宣传力度，打造“文化角直”知名品牌。

苏州角直水乡妇女服饰申报国家级非遗的材料，除了上述介绍的申报书和申报片外，还提供了以下附件：苏州角直水乡妇女服饰分布图；角直镇人民政府文件《关于实施〈苏州角直水乡妇女服饰五年保护发展规划〉的决定》；苏州市人民政府文件《关于公布苏州市第一批非物质文化遗产

首批国家级非物质文化遗产牌匾
© 甪直镇文体中心

代表作名录的通知》；采访南京博物院民族民俗部原副主任魏采苹等专家的录音记录；《吴地服饰文化》（中央编译出版社1996年版，魏采苹、屠思华编著）；《甪直女子倩装》（选自《甪直》，浙江摄影出版社2004年版，阮仪三著）；《吴中精粹》（江苏人民出版社2003年版，秦兴元、薛峰主编）；《走遍苏州·甪直》（古吴轩出版社2004年版，古吴轩出版社主编）；苏州甪直水乡妇女服饰文化活动掠影和获奖情况拾锦；媒体对苏州甪直水乡妇女服饰文化的宣传报道选登。

2005年7月，在文化部和江苏省人民政府主办的“中国非物质文化遗产保护·苏州论坛”活动期间，甪直水乡妇女服饰展演队应邀参加了“中国（苏州）民族民间文化艺术展示周”活动。甪直镇高度重视，挑选全镇优秀的业余团队轮流到苏州的活动现场演出，苏州甪直水乡妇女服饰给与会专家留下了深刻印象。

可喜的是，苏州甪直水乡妇女服饰得到了文化部专家组的一致认可。2005年12月30日，“苏州甪直水乡妇女服饰”被文化部列入首批国家级非物质文化遗产公示名录，并在文化部网站、《中国文化报》等媒体向社会公示。2006年5月20日，国务院国发〔2006〕18号文件《国务院关于公布第一批国家级非物质文化遗产名录的通知》，批准并公布文化部确定的第一批国家级非物质文化遗产名录（共计518项），其中，序号511、编号Ⅸ-63的项目名称就是“苏州甪直水乡妇女服饰”。

至此，在吴东地区流传千百年的传统妇女服饰，有了被国务院批准的正式名称——苏州甪直水乡妇女服饰，成为第一批国家级非物质文化遗产代表作，被列入保护名录。

附1：

苏州市第一批市级非遗代表作名录表

序号	类别	项目名称	保护单位
1	戏剧	昆曲艺术	苏州市文联（虎丘曲会）、江苏省苏州昆剧院、苏州市艺术学校、中国昆曲博物馆、苏州昆剧传习所、昆山市文广局、昆山市昆曲博物馆、吴江市七都镇人民政府（洪福昆曲木偶班）
2	音乐	古琴艺术（虞山琴派）	常熟市文化局、常熟市文联、虞山琴社、吴门琴社
3	曲艺	评弹艺术	苏州市评弹团、苏州评弹学校、中国苏州评弹博物馆、张家港市评弹团、常熟市评弹团、太仓市评弹团、吴江市评弹团、苏州市吴中区评弹团
4	民间文学	吴歌（白茆山歌、芦墟山歌、河阳山歌）	苏州民俗博物馆、吴歌学会、常熟市文化局、常熟市古里镇人民政府、常熟白茆山歌发展研究会、吴江市文广局、吴江市芦墟镇人民政府、张家港市文广局、张家港市凤凰镇人民政府
5	工艺美术	桃花坞木刻年画	苏州桃花坞年画博物馆、苏州工艺美术职业技术学院、苏州桃花坞木刻年画社
6		苏州刺绣技艺	苏州刺绣研究所有限公司、苏州苏绣艺术博物馆、苏州刺绣厂、虎丘区镇湖街道
7		苏州缂丝技艺	苏州刺绣研究所有限公司、王金山大师工作室
8		宋锦制作技艺	苏州丝绸博物馆、中国苏州丝绸文物复制中心
9	音乐	江南丝竹	太仓市文广局、太仓市文化馆
10	戏曲	苏滩苏剧艺术	江苏省苏州苏剧团、苏州戏曲博物馆、苏州苏剧研习社、苏州市滑稽剧团
11	民俗	角直水乡妇女服饰	吴中区文体局、吴中区角直镇人民政府
12	音乐	苏州道教音乐	苏州市道教协会、苏州玄妙观

注：苏州市第一批名录项目（2005年公布）共12个，都已进入江苏省第一批非遗代表作名录及国家级第一批非遗代表作名录。

附2：

苏州市第一批国家级非遗代表作名录表

序号	类别	项目名称（编号）	保护单位
1	民间文学	吴歌（Ⅰ-22）	苏州市非物质文化遗产保护管理办公室（苏州市文化研究中心）
2	民间音乐	江南丝竹（Ⅱ-40）	太仓市文化馆
3		苏州玄妙观道教音乐（Ⅱ-68）	苏州市道教协会
4	传统戏剧	昆曲（Ⅳ-1）	江苏省苏州昆剧院
5		苏剧（Ⅳ-55）	苏州市苏剧传习保护中心
6	曲艺	苏州评弹（苏州弹词、苏州评话）（Ⅴ-1）	苏州市评弹团
7	民间美术	桃花坞木版年画（Ⅶ-3）	苏州市公共文化中心（苏州美术馆、苏州市文化馆、苏州市名人馆）
8		苏绣（Ⅶ-18）	苏州刺绣研究所有限公司
9	传统手工技艺	宋锦织造技艺（Ⅷ-14）	苏州丝绸博物馆
10		苏州缂丝织造技艺（Ⅷ-15）	苏州王金山大师缂丝工作室有限公司
11		香山帮传统建筑营造技艺（Ⅷ-27）	苏州香山工坊建设投资发展有限公司
12		苏州御窑金砖制作技艺（Ⅷ-32）	苏州王金山大师缂丝工作室有限公司
13		明式家具制作技艺（Ⅷ-45）	苏州红木雕刻厂有限公司
14		制扇技艺（Ⅷ-81）	苏州如意檀香扇有限公司
15		剧装戏具制作技艺（Ⅷ-82）	苏州剧装戏具合作公司
16	民俗	端午节（Ⅸ-3）	苏州市姑苏区文化馆
17		苏州甪直水乡妇女服饰（Ⅸ-63）	苏州市吴中区甪直镇文体教育服务中心

注：首批国家级非遗于2006年5月20日公布

第二章 款式特征

苏州甪直水乡妇女服饰后视场景
© 周民森

翻开沈从文先生的《中国古代服饰研究》，可以看到在不同历史时期，我国各地区、各民族、各阶层先民穿着服饰的款式千差万别。每一款服饰都是经过一代代先民在漫长的生产生活中发展而来的。服饰款式的不断变革反映了民族民间强烈的进取特性和创造才能。

苏州甪直水乡妇女服饰的款式别致、特征鲜明，反映着吴东地区劳动人民的智慧和才能。该传统服饰包括髮鬏头、包头、肚兜、拼接衫、拼裆裤、襡裙、襡腰、板腰（又叫“腰板”）、卷髈、绣花鞋等样式和构件。有的研究者忽略了腰板，就归纳为九件套。还有的在此基础上又忽略了鬏鬅头，概括为八大件。其实，鬏鬅头是苏州甪直水乡妇女服饰中不可或缺的重要妆饰，它更是苏州甪直水乡妇女服饰的标志性样式。

第一节　鬏鬅头的梳理和妆饰

苏州甪直水乡妇女服饰最明显的款式特征，是头部扎着的包头。这是一般人对苏州甪直水乡妇女服饰的粗浅认识，他们只注意到了这些表象。其实，甪直水乡妇女日常穿着传统服饰，梳妆打扮，她们最在乎的是鬏鬅头的妆饰，难度最大的是鬏鬅头的梳理，不仅花费的时间最多，花费的心思也最多。

一、鬏鬅头的来历

据《中国古代服饰研究》介绍，从全国各地出土的新石器时代发簪的现象中可以知道，我国历代汉族妇女都喜欢盘发成髻。发髻，是将长长的头发归拢到一起，在头顶、头侧或脑后盘绕成髻的一种发式。古时候，汉族不论男女都要蓄留长发，盘成发髻。盘髻呈椎状的称“椎髻”，呈螺壳形的称“螺髻”，朝天状的称“朝天髻”，还有灵蛇髻、双环望仙髻等。吴东地区的劳动妇女，也喜欢盘发成髻。不过，她们把头发盘在脑后偏上，而且世代沿袭，称这发髻为“鬏鬅头”，又称“头发团”。这个鬏鬅头发髻是传统服饰中最为重要，也是最有特色的款式特征。不过，席墟浦西边的车坊和吴淞江北岸的胜浦等乡村，也有把鬏鬅头称作“鬅鬅头”的。

当地妇女为什么把发髻叫作“鬏鬅头”或“鬅鬅头”？周民森咨询过许多老年农妇，包括他年近九十岁的母亲，都回答不出个所以然。她们只知道上代人这样称呼，自己也就这么叫了，从来没问过“为什么”。至于“jiūpán”二字怎么书写，更是无人知晓。导致近二十年来在有关苏州甪直水乡妇女服饰介绍文章中出现了鬏髼头、鬏鬅头、鬅鬅头、髻髻头、盘盘头等五花八门的名称。

据周民森回忆，他曾经打开《新华字典》，在“jiū”的音节中找到了“鬏”，意思为“头发盘成的髻”；在“pán”的音节中，没找到合适的字，更找不到“鬅”了。但在“péng”的音节中，找到了“髼”。尽管“髼”的意思为“头发松散”，不太贴切，但在申报国家级非遗时，周民森还是

汏汏衣裳聊家常

© 马觐伯

选择了用“鬏鬅头”这三个字。

后来，在《辞海》中终于查到了“𩯈”：①（pán，盘）盘曲的发髻。徐锴《说文解字系传·髟部》：“《古今注》所谓盘桓髻也。”说明“𩯈”就是古代盘桓髻的名称，是古老的发髻形式之一。因此，结合吴地劳动妇女对发髻的呵护、钟情，以及吴方言的发音特征，综合分析认为吴东地区妇女头上的发髻名称选择“鬏𩯈头”三个字更为合适。本书就以“鬏𩯈头”为苏州甪直水乡妇女服饰的发髻名称。

二、鬏𩯈头的梳理

吴东地区农村妇女最在乎鬏𩯈头的梳理、装饰，每次梳理也最为用心，都要梳理得“油光滴滑”，紧伏在脑后，宛如一只元宝。她们都以鬏鬏头丰满为自豪，因此，爱美的农妇往往在梳理过程中还要添加“髲子”假发。庞大的发髻梳理完毕，农妇再在鬏鬏头上插上众多的饰物，来显示自己的心灵手巧和端庄美丽，同时也彰显出苏州甪直水乡妇女服饰的靓丽特征。

鬏鬏头越丰满，饰物越多、分量越重，头顶的头发越容易因承受不起鬏鬏头的负重而被拉掉。因此，甪直及周边吴东地区的妇女，随着年龄的增加头发越来越稀少，有的到了耄耋之年几乎成了秃顶。

鬏鬏头是怎样梳理的呢？妇女一手拿着梳子，把头发从前向后梳理顺畅，另一手凑在脑后，握住梳拢过来的头发，直到把所有头发都聚拢到脑后，并紧紧抓住，再用预先准备的绒线从头把扎起，再依次扎正把、勒心、转弯心。

头　把　一手在脑后握住梳拢过来的头发，另一手放下梳子，用预先准备的绒线首次在后脑勺上把握住的头发顺序缠绕扎紧，称为“头把”。经头把绕扎的头发似一条长长的马尾巴。扎头把的线在鬏鬏头上不显示，所以线质和色彩不限。

正　把　在头把下面两三厘米处，用色彩鲜艳的绒线顺序扎紧，此为“正把”。头发少而短的妇女，在梳理时必须用髲子添裹在正把里面。有的妇女在扎勒心、转弯心的过程中，还要依次添裹髲子。髲子本是头发

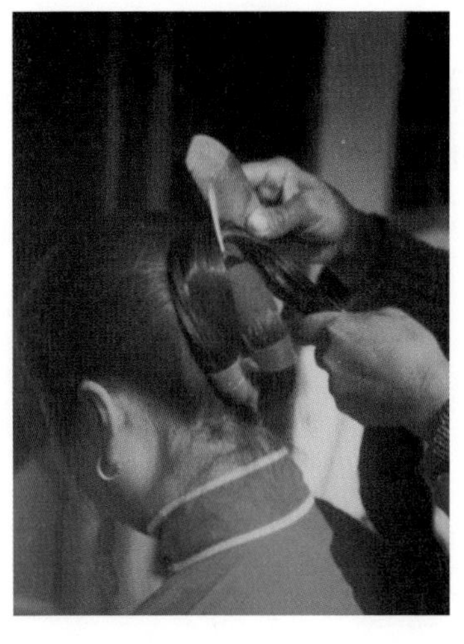

梳理中

© 屠思华

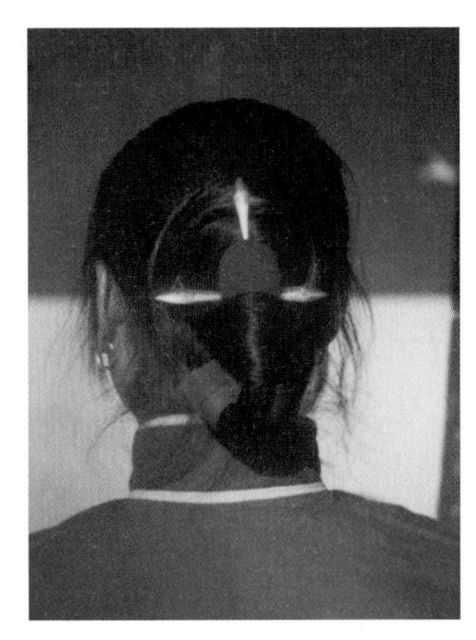

梳理后
© 屠思华

扎，只将假发济真发，让梳理出来的鬏鬏头丰满。正把所扎的绒线将在鬏鬏头的正中显出，所以扎正把的绒线因人而异选择不同的颜色。一般年轻妇女都喜欢用桃红、玫红色绒线；中年妇女喜欢用大红色绒线；老年妇女常用酱红色绒线，甚至是黑色绒线。但是，如果妇女遇上丧事，那么将因失去亲人的辈分大小、亲疏关系选择不同的颜色（详见第四章）。该正把所扎的绒线是发髻上十分靓丽的装饰，也是妇女年龄、身份的象征。

勒　心　勒心在正把下面两厘米处，用绒线顺序扎紧，所用线较正把稍短，此线也不在鬏鬏头上显出。

转弯心　转弯心在勒心下面三四厘米处，用桃红或翠绿色绒线顺序扎紧，绒线长度与正把差不多，它在鬏鬏头的左侧显示。

勾头线　勾头线用较结实的一根线，合并成双股，在勒心和转弯心中间勾牢后，将线的尾部从颈后绕向前方，咬在嘴里，以固定正把在正中的位置，就开始缠绕鬏鬏头。将头发略加绞紧，在勒心和转弯心之间向左折转，从下向上，再向右顺势盘绕，盘至一周，将发梢绞紧后挽在手上，盘在发髻的中心，恰好将头把和勒心的线遮没。用银簪或玉簪从中笄牢，再在发髻的四周插上各种银饰，鬏鬏头就这样梳理完毕了。

梳理好的鬏鬏头，结实、丰满，呈椭圆形元宝状。正把和转弯心的彩色绒线，与插在发髻上的各种饰物，使鬏鬏头更加光彩夺目、艳丽迷人。

新娘子发髻的梳理较平时要讲究得多，一般请人帮助梳理。梳理的方法与上述相似，只是绒线都要用新的，头发油光滴滑，鬏鬏头形如元宝，丰满结实。

老年妇女梳理鬏鬏头，与中青年妇女无多大差异，只因头发脱落稀少，平时多梳成绞丝鬏鬏头，俗称“铰链棒鬏鬏头”。其梳理的方法是不扎转弯心和勒心，仅扎头把和正把。然后将头发分成两股绞成铰链棒状，由左绕向右盘成发髻，用银簪笄牢，在上面插少量银花钎。正把的绒线都以深色或黑色为主，在发髻上显出老年妇女的端庄、沉稳。

三、鬏鬏头上的妆饰

吴东地区妇女鬏鬏头上所扎的桃红、玫红、大红、翠绿色绒线，在乌黑的发髻上显得艳丽夺目，装饰性很强。这些色彩的选择，有约定俗成的习惯。中青年妇女用桃红、玫红和翠绿色的绒线扎正把，50 岁以上的妇女多用大红色绒线扎正把。戴孝的妇女仅用白色绒线，远亲用黄色绒线扎正把。寡妇 3 年孝满后，换青色绒线扎正把。戴孝的妇女在儿女举办婚礼时，要用红纸将白、黄、青色绒线遮盖一天。

此外，中青年妇女的发髻上还要插上各种玉质、银质的妆饰品，花样繁多，主要有簪、笄、梳、花。簪有玉簪、银簪及玉簪加银链条。簪一般呈扁平状，两头稍尖，正面錾刻花纹。笄，在吴地都称作“花钎”，形式多样，有银佛手花钎、银绞针花钎、银挖耳花钎、银翻爬花钎、银锡杖花

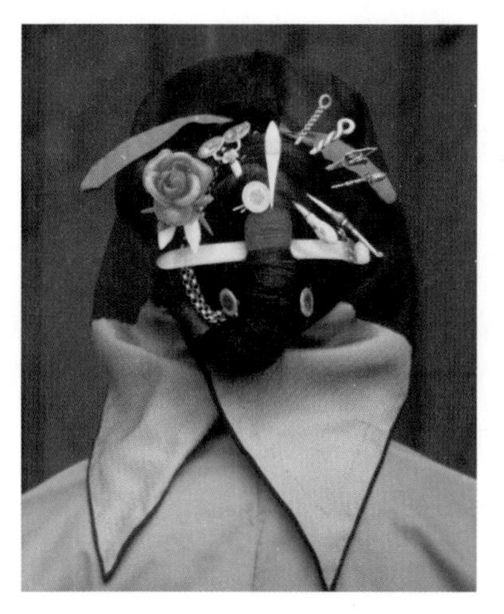

妆饰鬏鬏头
© 屠思华

妆饰鬏鬏头
© 王爱民

钎等。花钎的主体为圆锥体，上端做成各种名目饰物，并以此命名；下端纤细如针，便于笄插在头发上，有很强的实用性。

鬏鬏头上最有特色的妆饰品是银梳子，或银梳子加银链条，再插上时令鲜花或绢花。银梳子呈半月形，在梳背上錾刻花纹，有的还涂珐琅彩。梳子的一端与一根长约15厘米的银链条相连。银梳从鬏鬏头旁插入后，银链条一端固定在银梳的上方，另一端与发髻上的一银花钎相连，悬挂在发际之间。只要头稍微晃动，银链条就会像荡秋千一样摆动，银光闪闪，煞是好看。每逢鲜花盛开的季节，妇女们会插上时令鲜花，有的干脆经常插戴各色绢花，来彰显自己的美丽动人。

新娘子的鬏鬏头，除插上述一般的饰物外，还要插一对金镶玉的“千金如意”簪。这应是新郎赠送给新娘的结婚礼物，以彰显金玉良缘、人生如意的美好姻缘。婚礼日，新娘头上不戴包头，只扎一块匝头（大兜），然后戴上珠穿头面（珠冠）。

吴东地区妇女的插梳和簪花习俗，不仅是鬏鬏头上最有特色的妆饰，也是苏州角直水乡妇女服饰的精彩亮点、重要组成部分，同样有着悠久的历史。

我国在发髻上插梳和簪花的历史也源远流长。据《吴地服饰文化》记载，在新石器时代的众多遗址中，曾出土了5000多年前的石梳、玉梳、象牙梳和骨梳。有的梳子在人头骨部位，有的紧贴着头顶骨，证明这些梳子是插在发髻上的妆饰。秦、汉、魏晋以来，插梳之风渐趋流行，到唐代盛极一时。这时的梳子有金、银、玉、犀角、竹、木等材质。

在古人的诗词和小说中，也有描写妇女插梳的形象。宋代诗人苏轼的《於潜令刁同年野翁亭》诗中写道："山人醉后铁冠落，溪女笑时银栉低。"栉，就是梳子、篦子的总称。银栉就指银梳子。诗句描绘了溪边妇女看到山人醉后的样子，低头微笑的美丽动人形象。吴东地区妇女鬏鬏头上的妆饰，至今仍保留着这古老的插梳习俗。

头上簪花的历史，据专家介绍可以上溯到秦汉时代，汉代妇女就有鲜花簪首的习俗。从历代出土的墓葬、壁画和传世的绘画作品中，常常可以看到簪花妇女的形象。唐代周昉的《簪花仕女图》，描绘了一位贵妇发髻上簪着一朵粉红色的荷花，为我们形象地再现了唐朝簪花戴彩的景象。明代唐伯虎的《簪花仕女图》中的三位仕女，头上都簪着鲜花。近代，在苏

鬏鬏头上的妆饰
© 王爱民

妆饰鬏鬏头
© 陈彩娥

州桃花坞木刻年画中也都有簪花妇女的形象。今天，吴东地区妇女鬏鬏头上簪花的形式，正是延续了我国的簪花习俗。

第二节　传统服饰的种类与款式

苏州甪直水乡妇女服饰的款式与种类繁多，地方特色浓郁，传承性比较稳定。随着年龄的不同、季节的变化，该服饰的种类和款式有明显的差别。按年龄可分为中青年妇女服饰和老年妇女服饰两大类。每一类又按季节分为春秋季服饰、夏季服饰和冬季服饰三款。此外，还有苏州甪直水乡妇女礼仪服饰，主要分为婚服和寿衣两款。吴东地区农村妇女节日服装同日常生活和劳动时的服装没有明显的区别，只是新旧的程度不同而已。传统节日上街和走亲戚时穿着的衣服较新，而日常生活和劳动时穿着的衣服较旧。

一、中青年妇女服饰

匝　头　匝头又称“鬓角兜”，妇女日常用的匝头，窄而狭长，称“小兜”；新娘子和老年妇女用的匝头，较小兜略宽些，称“大兜”。不过，新娘子的匝头用料讲究，一般用蓝色绸缎裁制，黑色绸缎绲边，正中缀玉花片或红珠宝，两侧缀银饰件。匝头两端各系一段布带，将它由前额扎向脑后，裹住额前及两鬓的头发不披散下来，既保持鬏鬏头的整洁、靓丽，又便于从事生产劳动，还可以保护额头不受风寒。有的在匝头的正中钉上一颗色彩艳丽的珠宝，彩珠在额头的正中显现，形成美丽的装饰。有的在匝头正中钉上一段用布料缝制的、比小指头还细的、二三厘米长的圆柱体"撑头"，用它来支撑包头角直立不倒。

匝头，很像古代的额巾。古代妇女将额巾制成长条，围在额上，保护额头不受风寒。到了宋代，额巾被称为"额子"。明清时期，额子甚为流行，尤其在江南一带，妇女不分尊卑，都爱在额头系扎这样的饰物，俗称"头箍""勒子"。有的在头箍上缀上珍珠、玛瑙。这样看来，苏州甪直水乡妇女服饰中匝头的历史也很悠久。

包　头　包头是苏州甪直水乡妇女服饰最具特色的首服，既能保护头发，防止蓬乱，又能遮阳抗晒，便于生活和劳动，具有帽子的功能。中青年妇女戴两色或三色的拼角包头。用黑色直贡呢布做主体，两端用白、月白、浅蓝、翠蓝等颜色的布拼角。有的还在尖角上绣花，有海棠花、梅花等吉祥图案，也有直接用花布拼角。在包头拼角的边缘用异色布绲细香绲边，或用彩色线锁边。另做两条布带或绒线带，用纽扣将其联结在包头短边的两角上。老年妇女的包头有单色和拼角两种，单色的多为黑直贡呢；拼角的布料颜色都偏深色，常用深蓝色或黑色布接角，尖角部位不绣花，更显得深沉、老练。

包头的戴法相当讲究，将包头正中的折缝，包在头顶的正中，包头的短边压在鬏鬏头的顶部边缘，两端在发髻的下面相交后绕向发髻的上部，两条布带绾结后左右分开，摆在头顶折缝的两边，或悬挂在鬏鬏头的左右两侧。若是绒线流苏带，则把绒线带绾结后，把末端的流苏挂在折缝两边

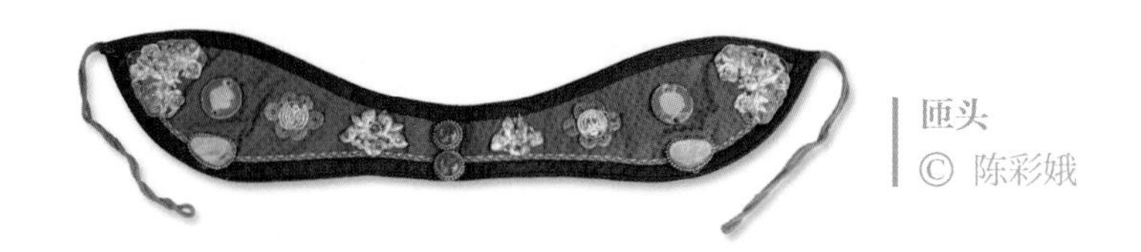

匝头
© 陈彩娥

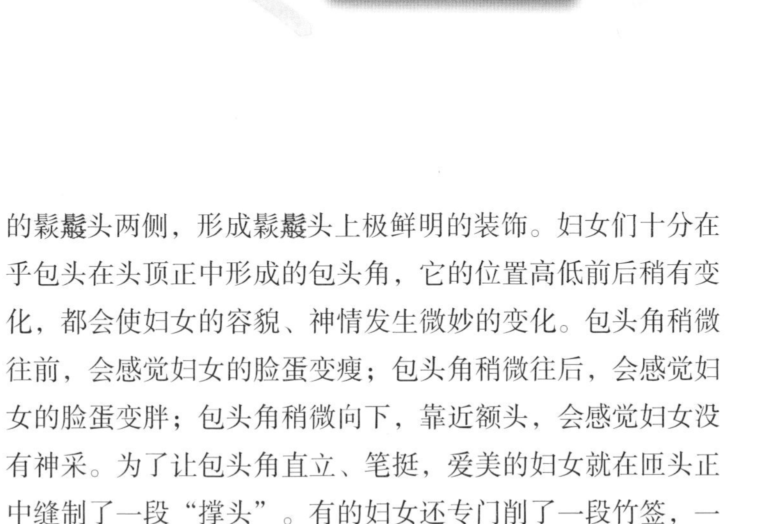

包头
© 陈彩娥

的鬏鬏头两侧，形成鬏鬏头上极鲜明的装饰。妇女们十分在乎包头在头顶正中形成的包头角，它的位置高低前后稍有变化，都会使妇女的容貌、神情发生微妙的变化。包头角稍微往前，会感觉妇女的脸蛋变瘦；包头角稍微往后，会感觉妇女的脸蛋变胖；包头角稍微向下，靠近额头，会感觉妇女没有神采。为了让包头角直立、笔挺，爱美的妇女就在匝头正中缝制了一段“撑头”。有的妇女还专门削了一段竹签，一头插进鬏鬏头的头把，然后把竹签向前额弯曲成弓状，让包头正中的折缝压在竹弓上，使包头角挺立在前额上方。包头长边的两角交叉垂在鬏鬏头下方颈后，形成漂亮的燕尾。至此，还有非常重要的一步：妇女对着镜子，一手捏住额前的包头角，另一手反转到后背上方捏住两个燕尾，适度抽拉整理，服帖成型。

苏州吴东地区妇女的首服，具有帽子的功能，但它更反映了妇女的个性爱好、审美情趣。当我们端详着水乡妇女的鬏鬏头时，真为她们古朴典雅的装扮、与众不同的秀美所折服。那色彩之美、线条之美、妆饰之美，将水乡妇女自然淳朴之美装扮得光彩迷人。她们不仅美了自己，还给人以美的享受。

鬏鬏头和包头，无论是色彩的组合、形式的对称，还是线条的变化、纹饰的多样，都十分显眼和俏丽。那玫瑰红、大红、翠绿色，在乌黑的发髻上显得十分鲜艳美丽，鬏鬏头上众多的色彩斑斓、熠熠生辉的银饰品，以及各色鲜花和绢花，将妇女们打扮得花枝招展，妩媚动人。这美丽的发饰、装扮洋溢着一种清新的气息和别具特色的装饰美，表现出水乡妇女的智慧和对美的创造，蕴含着吴地稻作文化的审美情趣。这是人类在美化自身、美化生活的同时，特别彰显自身头部装饰美的最有力的例证。

据魏采苹等专家考证，吴东地区妇女的发饰和首服，历史悠久，传承性很强。水乡妇女把自己的发髻称作“鬏鬏头”，该名称源自古代盘桓髻。无论是发髻名称，还是发髻款式，都十分古老。包头是古代庶民的首服，有资料显示，早在周、秦、汉时，黑色包头就是老百姓的首服。在汉墓画像石上，已有扎包头的妇女形象。这就说明在我国扎包头的历史至少有2000多年了。至魏晋南朝时期，以幅巾束首，并以为雅，渐成风习，连官宦名流人士也竞相仿效。如三国时诸葛亮的“羽扇纶巾”，这纶巾其实就是他头上的包头。在两晋及南朝墓葬出土的陶俑和砖印壁画上，有不少头上裹巾的形象。《旧唐书·舆服志》记载：“江南则以巾褐裙襦。”直至宋、元、明、清，扎包头的习俗经久不衰，尤其在妇女中十分普遍。现在，包头仍然是苏州甪直水乡妇女服饰的重要构件。

肚　兜　肚兜用各色花布缝制，呈菱形，上角剪成弧形领窝。有的在领窝镶边或绣花。穿着时用红色线或银链条将肚兜系在脖子下，再将左右

肚兜
© 陈彩娥

淴河浴
© 马觐伯

两角系着的带子，在后背绾结就成。

肚兜的作用相当于现在的文胸，用以保护乳房。农村妇女们在从事插秧、耘稻、收割等劳作时，长时间俯身弯腰，肚兜护住乳房，防止下垂，保证劳作时轻松舒适。在炎热夏日，吴东地区的妇女，无论是白天劳动、休息，还是晚上乘凉，上身只穿肚兜，遮胸裸背，透风纳凉。

原吴县胜浦镇文化站马觐伯曾拍摄过一张经典照片，一群中年妇女穿着肚兜，在河埠头洗澡。其实，这张照片并不算老，拍摄时间大概在 20 世纪 80 年代后期。吴东地区的妇女，

菱塘边
© 马觐伯

旧时只要生育过孩子、喂过奶，夏天就光着上身下河洗澡。今天，甪直地区 60 岁以上的人多亲眼看见过生育了孩子的妇女，裸露着上身到自家门前的河滩头洗澡的场景。其中，70 岁以上的妇女多经历过这种洗澡方式。当年的人们司空见惯，不足为奇，没有人会故意张望，也没有人会评头品足。这种现象，世代相传，直到 20 世纪 90 年代初期才渐渐消失。一方面是因为社会进步，城乡融合；另一方面是因为水质污染，不宜下水。

拼接衫
© 陈彩娥

拼裆裤
© 陈彩娥

拼接衫 吴东地区妇女们贴身穿的称作“短衫”“布衫”，多用白布或月白色布缝制。穿在外面的称为“加衫”，即罩衫。它们均为大襟，立领，俗称“大袂襟”。大襟衣因将小襟掩在里面，有的又称“掩襟”。因裁剪时采用挖襟的做法，所以又被叫作“挖襟”。这种款式的服装在汉族地区的历史也相当悠久。

吴东地区妇女春秋季穿着的大襟衫，衣长过臀部，胸围较宽，衣袖窄小。罩衫的基本色调是士林色和藏青色，青年妇女喜用小花布拼接缝制罩衫。中年妇女多用深浅颜色的士林蓝布拼接缝制，也有用白色花布与士林布拼接的。大多用士林布做正身，领子和前胸的右上襟、下半部，以及后背的下半部，用白布或花布拼接。袖子用一种花色布拼接在前臂成两段，把拼接布料放在袖子中部的肘关节位置，衣袖就成了三段式。领口、襟边和袖口，用相对比的颜色布绲细香绲边，或一边一线香绲边。纽襻亦用两种颜色的布缝制，钉在相对比颜色的领口、领圈和大胸上。

冬天穿的棉袄，多用棉布，也有用绸缎做面料的，视家庭经济条件而定。内絮棉花或丝绵、驼绒。袄均比短衫长。冬天的罩衫用土布、线呢、

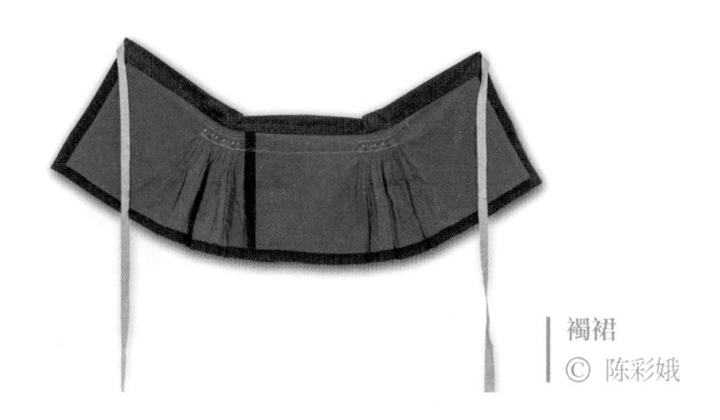

襡裙
© 陈彩娥

板腰
© 陈彩娥

卡其布等较厚实的深色布料缝制，少有拼接。

拼裆裤 春秋季穿着的拼裆裤为短脚裤，裤长仅及小腿肚。多用印花土布缝制，有蓝底白花和白底蓝花两种。裤裆则用蓝、黑色土布拼接，拼裆部分直至裤脚。裤脚里边用花布或浅色布贴边，卷起裤边可以作为一种装饰。

冬季多用蓝底印花土布和深色土布拼接缝制吴东地区中青年妇女冬衣。一般不穿棉裤，只是在裤外加一条夹裤。

襡　裙 春秋季襡裙用深、浅色士林布缝制，也有用白色卡其布缝制的。一般是两幅布前后叠压做成，束在加衫的外面。襡裙的两侧褶裥很细，是用丝线绣100—110个顺风吊栀子裥。裙的周边用浅色或花布绲边，在裙的正面显细香绲边，背面为贴边，可以两面穿着。系襡裙的腰带用布缝制，很长，须在腰际绕一周后，至腰后绾结。有的还另做花布带或多色绒线编织带，末端做成流苏，别在腰后下垂至腿弯，成为一种美丽的装饰。

夏季襡裙的质料有丝、棉、麻三种。绸襡裙，多半用黑绸缝制，也有用生丝绸做的，式样与春秋季的相同，不同的是在襡裙的褶裥处，用一块绣好顺风吊栀子裥的浅色士林布拼接，显得十分别致。绸襡裙多半是上街、走亲戚时穿着。夏布襡裙是用黑色或深蓝色夏布缝制。式样除一般的襡裙外，还有一种“半爿头”襡裙，形式特别，束在腰际，前面短、后面长，前面的长度仅及后面的三分之二，后面呈圆弧形。这是在水田弯腰劳动时穿着的褟裙，确保前面的裙边不会碰到泥水。

冬季褟裙用较厚实的布料，如土布或卡其布缝制，而且比春秋季褟裙长，有的长至膝，可以抵御冬天的风寒。

褟　腰　褟腰俗称“褟腰头”。用两种颜色的布分三块拼成“本身”，中间一块深色布呈长方形，在它上面缝制一个口袋。两边是同一颜色的直角梯形。再在“本身”上面加一块盖，其大小略超过“本身”中的长方形。褟腰本身及盖的边缘，都要绲细香绲边，里面为贴边。腰部两边用纽扣与板腰相连接。褟腰是束在褟裙外面的围裙。有的褟腰没有盖，称“小褟腰”。冬季的褟腰随褟裙的增长而加长。

板　腰　板腰是与褟腰头相连的腰板，上面刺绣各种图案花纹，是妇女服饰中的重要装饰物之一。有的分左、右两块，一端与褟腰头相连，另一端用纽扣与两根绒线编制的长带相连。其带在腰后挽结下垂至腿弯。有的就是一尺多长的一块，贴在腰背部位，两端系的带子在腰部前面绾结。

卷　髈　用花布或色布缝制，是裹在小腿上的胫衣，上、下用系带扎紧，形似“绑腿”，当地俗称“卷髈”。它有单层和夹层两种，春秋季的

卷髈 © 陈彩娥

绣花鞋 © 陈彩娥

卷髈多为单层；冬天裹的卷髈，大多数为夹层，也有少数裹棉的卷髈。

袜、鞋 吴地农村妇女不缠足，以前穿土布袜、纱袜。鞋子是绣花布鞋，式样有“扳趾头”和“猪拱头”两种。吴东地区青年妇女的绣花鞋上多绣芙蓉、茉莉、梅花、菊花、海棠花等花卉样。中年妇女的绣花鞋上多为梅花、兰花、荷花等花卉。

夏天，农村妇女们多半光脚，很少穿布鞋，多穿蒲鞋，小腿也不裹卷髈。袜和鞋在走亲戚或上街时穿着。

冬季的袜子用白土布或印花布缝制。鞋子除绣花单鞋外，少数妇女穿棉鞋，鞋面上也绣花，只是纹样较简单。少女绣囡囡花，中青年妇女绣芙蓉和梅花，花样繁多，各取所爱。

二、老年妇女服饰

旧时吴东地区农村妇女 50 岁以后进入老年时期，服饰的颜色单一、深

农家乐 © 马觐伯

◎包头 陈彩娥

◎上衣 陈彩娥

沉，式样古朴简洁。内衣与中青年妇女的差别不大，仅颜色深一些、衣服长一些。

包　头　老年妇女的包头有单色和拼角两种，单色的多用黑线呢、直贡呢和黑绸缝制；拼角的颜色较深沉，多用深蓝色或黑色的布拼角，色彩对比不是很鲜明，没有中青年妇女的俏丽，也不绣花。冬季多用单色的黑线呢、直贡呢和黑绸缝制，颜色较深沉，不绣花。

肚　兜　老年妇女夏天着肚兜更加普遍。用蓝、黑色布料缝制，也有用夏布、香云纱做的，平时在家休息或劳动时仅穿肚兜。只有上街时才在身上披一件短衫，肚兜也显露出来。

上　衣　上衣多用土布缝制短衫和加衫，衣服较中青年妇女长，既有用单一颜色的，也有用相近的两色拼接的。拼接的部位在领子、袖子和衣摆的两角上。袖口、襟边用月白色布绲细香绲边，或一边一线香绲边。领口和领圈做“四绲领”。有的肩部做外底肩，显得厚实而牢固。

夏季的短衫，用较深色的士林布缝制，不拼接，绲细香绲边，也有用蓝色夏布和香云纱做的短衫。

冬季内衣为各色土布做的短衫，外穿夹袄、棉袄和马甲。用蓝、黑色土布缝制夹袄和棉袄，衣长至膝下，外加罩衫，式样与春秋季相同，为大襟、立领。马甲有单、夹、棉三种，多用蓝、黑色土布缝制，为大襟、矮

应邀参加上海旅游节活动的甪直农妇在外滩
© 周民森

领，领圈、挂肩、襟边均用本色布绲边。棉马甲的挂肩开得很大，以便两手插入取暖。

裤　子　裤子用蓝、黑色土布缝制，样式和中青年妇女的相同。夏季穿的裤子也有用夏布做成的，有的不用异色布拼裆。冬季裤子用蓝、黑色土布缝制，不拼裆。多罩夹裤，少数人穿棉裤。

襡　裙　春秋季的襡裙用蓝色土布缝制，褶裥用单色线绣顺风吊栀子裥。裙较中青年妇女的长。边缘不绲边，仅做内贴边。夏季穿的襡裙用黑绸和蓝、黑色夏布缝制，式样与中青年妇女的相同。仅黑绸襡裙的褶裥部

马甲
© 陈彩娥

裤子
© 陈彩娥

分不用浅色布拼接，而用深色士林布拼接。有的不拼接，其褶裥亦较简单。冬季的襴裙用蓝色土布缝制，裙长过膝。

襡　腰　用月白色和蓝色土布分三块拼成，也有用一种颜色布缝制的。冬季的襡腰用蓝、黑色土布做，比春秋季的长而大，较襴裙略短一两寸（一寸约 0.033 米）。

板　腰　形式和中青年妇女的相同，只是不绣花。用单色线纳制，有少数纳出简单的图案花纹。与板腰联结的布带，颜色素雅、深沉。

卷　髈　式样与中青年妇女的相同，多半用深颜色布做。冬季有夹的和棉的两种，视气候寒冷的程度选用。

褶裙

© 陈彩娥

百衲绣花鞋

© 陈彩娥

袜、鞋 春秋季老年妇女多穿白土布袜。鞋为“扳趾头”绣花鞋，花样以荷花为主，并与各种植物花叶组成“上山祝寿”“年年增福寿”“寿山福海”“八仙过海”等纹样，以祈求福寿绵长。夏季老年妇女不穿袜，也不裹卷髈，大多光脚，或穿单布鞋，或穿蒲鞋。冬季老年妇女穿白土布袜或印花土布袜，外穿绣花“扳趾头”单鞋或棉鞋或芦花蒲鞋。

第三章 技艺赏析

考古发掘的出土文物证明了吴地是人类服饰用料——葛、麻、丝的最早发源地之一，这是吴地先民对服饰文化最伟大的贡献。历代千姿百态的发饰、首饰、服饰，表现出吴地服饰文化的地域特色、历史价值。特别是以稻作农业生产为主的吴东甪直水乡劳动妇女的荆钗布裙，款式特征鲜明，裁缝工艺独特，传承性比较稳定。尤其在裁剪、缝制过程中采用的拼接技艺，至今让人叹为观止。此外，细香绲边、绣花、带饰等工艺的巧妙应用，堪称一绝。

第一节　选料与裁缝

苏州甪直水乡妇女服饰顺应了稻作农业发展的需要，创造了拼接拆卸技艺，顺应了日常生活的审美情趣，创造了民间服饰显俏的视觉艺术。白色的运用，使服饰色彩深中有淡，淡里有俏，俏中有艳，艳而不俗，再加上拼接、绲边、纽襻、带饰和绣花等工艺的巧妙应用，堪称一绝。

1983年，南京博物院原民族民俗部魏采苹、屠思华等专家，蹲点在胜浦、角直地区的多个乡村，对江南水乡吴地稻作生产地区的民俗服饰作了调查。他们研究认为，吴东地区妇女服饰（苏州角直水乡妇女服饰）是汉民族服饰的杰出代表，是吴地具有典型性和代表性的劳动人民服饰，至今已有几千年历史，文化内涵丰富，用料、剪裁、缝纫和装饰等工艺特点鲜明。

一、选料

吴地妇女服饰，在选料、剪裁和缝制上，均以经济实惠为原则。夏天的服饰既要能遮挡烈日的炙烤，又要易于吸汗、透气；冬天的服饰既要质厚柔软，又要易于保温保暖。既要考虑到耐脏和美观，又要照顾到洗涤和更换。如上衣前胸襟部、后面的肩背部、袖肘和袖口，以及裤子的裆，都是容易破损部位。缝制时采用拼接的技法，既丰富色彩的对比，增加美观度，更易于在衣服破损后局部换新，便于反复使用。这样缝缝补补，省料省工，延长了衣服的穿着时间，传承着艰苦奋斗的优良品质。

吴东地区妇女做衣服的料子，有自织的土布、夏布，更多的是到附近市镇去购买的各色衣料。角直集镇是吴东地区的商贸重镇，纺织印染土布都有门店，品种齐全的布店亦有多家。吴东地区农村妇女赶集选料，一般从美观的角度出发，以经济实惠为原则，同时又根据自身的年龄、家庭的经济状况等实际情况，挑选各自喜欢的纺织品。

田间地头农事多

© 周民森

包　头　选用黑色直贡呢那样厚实、挺括的料子缝制，包在头上不皱，结实，且能挡风遮阳。拼角选用色彩柔和、质地柔软的浅色士林布和白布缝制，能服帖地搭在脑后、颈部。

衣　服　20 世纪 40 年代前，吴东地区的妇女多用土布和印花土布缝制。40 年代后，随着纺织业的发展，机织细布盛行，中青年妇女的上衣和襡裙多用士林布和细布来做。裤子仍多用印花土布做，夏衣也有用细布缝制的。老年妇女的衣服仍旧用土布做，极少数家庭经济条件较好的，用丝绸做衣服。20 世纪 80 年代以来，化纤织品流行，价格与棉布接近，又易洗易干、结实耐穿，所以用化纤织品缝制衣服的越来越多。

妇女们穿过的旧衣服，有时也成了旧物利用选择的对象。拼接衫源于掼肩头，衣服破损的地方可以换上新布，更多的是换上其他破旧衣服拆卸下来的旧布料。

鞋　子　鞋面布必须选用直贡呢之类的全新黑色布料，其余的内衬、鞋底都是由妇女们自己糊的绢衬制成。她们将破旧得不能再穿的衣裤拆开，挑选没有磨破的布料，洗净后加入很稀薄的糨糊，一层一层均匀地铺在门板上，少则两三层，多则四五层。晒干后裁剪成所需的鞋面、鞋底式

样，以备后用。

二、**裁剪与缝纫**

日常服饰，大多是根据传承的惯例，妇女们利用农闲季节和劳动的空隙，自己裁剪缝制，或请手巧的亲友乡邻帮助剪裁，然后自己缝制。属于礼仪性的服饰，则请裁缝缝制。也有将裁缝请到家里来做的，以显示对礼仪服饰的重视。

包　头　黑色布为主做的包头，将布裁成梯形。上底长 2 尺 3 寸（1 尺约 0.333 米，1 寸约 0.033 米），下底长 3 尺 5 寸，高 9 寸。角直周边乡镇包头布的梯形下底长才 2 尺 5 寸，两腰略呈弧形边。拼角包头的主体——黑布或深色士林布呈长方形，在两端拼浅色布的角，呈三角形，拼接后的

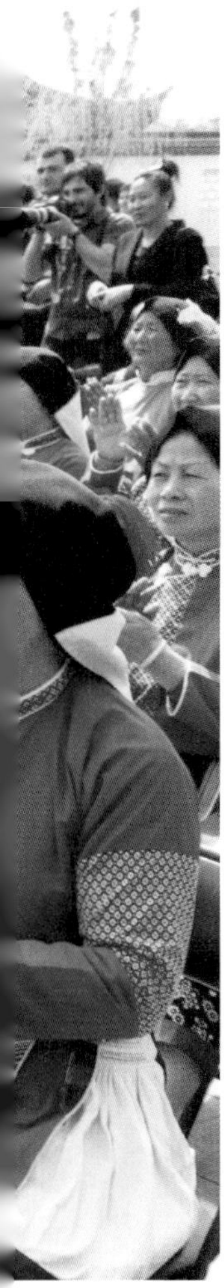

整体仍为梯形。

上　衣　上衣的襟式有对胸（对襟）、大襟两种，根据样式的不同和布料门幅的宽窄，采用不同的裁剪方法。妇女穿的短衫和加衫多为大襟。大襟布衫的做法有偏襟和挖襟两种。土布门幅窄，用偏襟法裁剪，其特征为前胸和后背都有两幅布拼接而成，小衣襟还可以用碎料拼接，以节省布料。细布门幅宽，用挖襟法裁剪，其特征是前胸和后背是同一块布料，胸前和背脊部位都没有拼缝。

布衫的开衩有两种：小开衩的衣服较短，衣长2尺1寸5分（1分约0.003米）至2尺2寸5分，多为挖襟，绲细香绲边。长开衩的衣服较长，衣长2尺7寸至2尺8寸，多为偏襟。领口、袖口、襟边均绲边，多为一边一线香绲或宽边绲。胸围3尺2寸至3尺3寸，下摆4尺4寸，袖口3寸5分至4寸5分。衣服纽襻的部位在领口、大胸、腋窝和下腹，共6裆。有的一个部位钉2档纽襻，主要在领和上胸部，以增加装饰美。

肚　兜　用门幅2尺4寸的花布按1尺2寸对折，呈方形，对角使用。将上角裁去，挖弧形领窝。在该处做双边绲，刺绣花卉图案，其他边缘用花布贴边。领边钉纽襻或银饰纽襻，与绒线带、布带或银链条相连。将肚兜套在颈项上，挂在胸前。左右两角钉花布系带，绕在背后打结系牢。

马　甲　马甲也为大襟、右衽。将幅宽9寸的土布裁成3幅。2幅为正身；1幅斜角裁开，拼在下摆的两角。衣长2尺4寸至2尺8寸。矮领，领圈1尺2寸左右，根据脖子粗细而定。挂肩1尺2寸，下摆5尺左右，开衩长3寸半至8寸5分，根据衣长而定。马甲长而大，是冬天穿在加衫外面御寒的衣服。

裤　子　水乡妇女穿的短脚裤均为中式裤，但有三种不同的裆式，须采用不同的方法裁剪。“夹屎缝”，为不拼裆的中式裤，前后和腿部各有一条缝。扯缝，也称作“两脚落地式”，用本色布或深色布插裆，只有内裆缝，

自娱自乐的甪直水乡妇女们
© 周民森

没有腿缝。“四脚落地式”，是用异色布拼裆，由裆直至裤腿形成三条缝。裤长 2 尺 4 寸至 2 尺 5 寸，腰围 3 尺，腰高 3 寸至 4 寸，直裆 1 尺 5 分，横裆 1 尺 1 寸 5 分，裤脚 6 寸 5 分。

褶　裙　长 1 尺 2 寸至 1 尺 3 寸，用幅宽 2 尺 4 寸的布料裁成 3 幅，其中 1 幅剖成 2 块，与另 2 幅相拼成 3 尺 6 寸宽的两片，交错成幕面，相互叠压各 6 寸，上接 2 寸高的腰。左右上部的褶裥，将 1 尺 5 寸的布缩成 4 寸，使下部形成喇叭裙摆，腰将两片连成一体。裙的周边绲细香绲边，在背面则为贴边，可以双面穿着。裙带 2 根，各长 4 尺，宽 1 寸。

褐　腰　长 1 尺，另加腰，腰宽 2 寸。大多用两种颜色的布，裁 3 块拼成，中间 1 块为长方形，长 1 尺，宽 8 寸，布色较深。两边用浅色布裁成 2 个相同的梯形，与中间 1 块相拼后，做成上宽 1 尺、下宽 1 尺 2 寸、下摆略呈弧形的小褐腰。还有在这基础上，加盖 1 块褐腰盖，盖下掖着 1 个口袋的。

板　腰　左右两块，长方形，长 6 寸、宽 2 寸，除面料和里布外，中间还要衬布数层，使其厚实、挺括。在面料上刺绣精致艳丽的花纹。板腰的两端钉纽扣，分别与褐腰头和绒线编织的腰带相连。也有单独 1 块的板腰，它是妇女腰间最美丽的装饰品，并且有保腰防寒的作用。所以有的地方称它为“保腰带”。老年妇女的板腰较少绣花，或不绣花，多半用单色

© 悦读 陈彩娥

线纳制而成。

卷 髈 用幅宽2尺4寸的布料1尺2寸，从中等距斜裁成1副，做成上宽下窄、略呈倒梯形的卷髈。其周边用异色布绲细香绲边。上下钉布带系扎，也有的钉纽襻扣牢。

鞋 子 有“扳趾头”和“猪拱头”两种式样。“扳趾头”是礼仪鞋，“猪拱头”是日常鞋。“扳趾头”的底分2层。上层长，其尖部呈等腰三角形，可以扳起。底层是鞋跟和鞋掌部分，与上层相合，用较粗的棉线或麻线纳制，上层的尖端部分用细线纳制。与鞋帮绱在一起，使其上翘，“扳趾头”因此而得名。鞋面用黑、蓝色土布，或直贡呢布做。新娘的花鞋用紫红缎做。鞋帮两片合成，两片绣对称花纹，合缝处用花线锁结、锁梁。鞋口呈壶形，绲细香绲边。鞋后跟缝长1寸5分，呈圭形的鞋拔。“猪拱头”的鞋底平整较短，鞋尖不上翘。鞋帮的做法和“扳趾头”相似，只是前端较长、较大，所以两片缝合处会向前拱出，“猪拱头”也因此而得名。

第二节 拼接技艺与装饰工艺

一、拼接技艺

拼接服饰形成的第一个原因与用料剪裁密切相关。人们早期用手工纺织的土布缝制衣服，这种土布门幅仅9寸至1尺，而布衫的衣摆一般需要4尺4寸，4幅布3尺6寸，在衣摆两边均需拼斜边三角，有时就用不同颜色布来拼。裤子的主体部分用两幅印花土布做，裆的部分就用其他深色的布拼接。褐腰中间1块长方形布，亦是1幅土布，两边用其他颜色的布裁成2块梯形拼接。显然，这类服饰的拼接，原是受布料的限制。

拼接服饰形成的第二个原因是缝补后的衣服产生的美感。拼接的罩衫，俗称“掼肩头”，因为肩背部、袖肘部、领子等部位在劳作时经常摩擦，并遭受汗水浸蚀，最容易破损，而衣衫的其他部分尚好，人们就找1块布料（或新布或从旧衣服上拆卸尚可使用的布料），将领子、肩背部和袖肘部的破损部分换掉，使这件衣衫又能像件新衣服一样，这比新做一件衣服可省料1/2至3/4。后来人们渐渐感到这样经过更换的掼肩头衣服，色彩对比鲜明，穿着俏丽显眼，破损也容易更换，久而久之，人们就专门裁制这种拼接的衣衫了。这样不仅美观，还便于日后拆卸、缝补。

有些专家认为苏州甪直水乡妇女服饰源自水田衣，因为水田衣也运用了拼接的形式来实现显俏的视觉效果。

其实，水田衣是用不同颜色、材质的散碎布料，按照水田形的要求裁成长方形或正方形或菱形的布块，再有规律地编排拼接成大小适宜的布料，然后裁剪、缝制而成的衣服。水田衣的各种色块相对独立，互为交错，形成拼接有序、色彩丰富的整体效果。

有研究表明，水田衣最早出现于唐朝，一些唐诗中写到过水田衣。熊孺登《送僧游山》中的“日暮寒林投古寺，雪花飞满水田衣”等，都是对水田衣的记录。不过，资料显示，由于唐朝具有严格的等级着装制度、鲜明的服装色彩风格，水田衣未能流行。到了明朝，由于惠农政策的颁布，提倡节俭，水田衣才得以广泛流行。明朝末期，奢靡之风盛行，许多贵族人家女眷为了做一件水田衣，反而把一匹匹完整的锦缎裁剪成大小合适的一块块菱形或其他形状，再不惜代价拼接、裁剪、缝制。

水田衣的前身，有的说是佛家的僧衣，有的说是普通人家用旧衣物的零散布头拼接而成的百衲衣、百家衣。不管如何，它们的拼接形式和拼接目的都不同于苏州甪直水乡妇女服饰，形成的历史也应该落后于苏州甪直水乡妇女服饰。

二、装饰工艺

吴东地区妇女装饰的特色，主要是通过服饰的装饰工艺来体现的。现从服饰的拼接、绲边、纽襻、带饰和绣花等方面来加以叙述。

拼　接　上衣拼接的部位在胸襟、后背、袖子，由两种颜色的布或两种花布拼接。拼接方法至少有三种：第一种是袖子用不同颜色的布或花布拼接，领子亦用接袖子的布来做。第二种是前胸和后背的上、下半段及袖子均用不同色彩的布拼接。第三种是前胸的右上襟和下半段、后背的下半段，以及袖子的中段和袖口都用浅色布拼接，色彩对比强烈，显得俏丽而别致。拼接衣衫的款式与用料和剪裁密切相关。一方面手工纺织土布门幅仅 9 寸宽，所以在衣摆、裤裆等处拼接；另一方面是衣服穿旧磨破后缝补拼接，既省料又富于装饰美。

绲　边　衣服的绲边有多种形式，可以用本色布，也可以用其他颜色

水乡丽人 ©王兴林

的布或花布，在衣服的领口、领圈、襟边、袖口、裙边等部位绲边。苏州甪直水乡妇女服饰的绲边由于宽窄的不同，形成各种名称。

细香绲：绲条宽 4 分，绲好后呈细香形。

一边绲：绲条宽 6 分，绲好后为一条窄边。

一边一线香绲：绲条宽 8 分，须绲两次，绲好后形成一边一线香两条边饰。

双边绲：绲条宽 1 寸，也须绲两次，绲好后形成两条窄边。

宽边绲：绲条宽 1 寸 8 分，绲好的边饰有 1 寸 5 分宽。

花鼓绲：绲条宽 2 寸 7 分。可绲出多条宽窄不同的边饰。

以上是常用的绲边法。缝制寿衣中还有特种绲边法——独龙绲和全镶绲。

纽　襻　单色布的服装用本色布做纽襻。拼接的衣服用拼接的两种以上花色的布做纽襻，交错钉在不同颜色的部位。此外，还有盘香、葫芦、蝴蝶形纽襻。这类盘得精致的纽襻都钉在领口、领圈、大胸等比较显眼的部位。这种纽扣也被称为“盘香纽扣”。

小巷连厢人
© 朱宏

带　饰　主要装饰在包头、肚兜、襡裙、襡腰和卷髈上。

包头的带饰：有两种。一种用白、月白、淡绿色等浅色布缝制，两端均缝成圭形；另一种是用彩色绒线编织的带子，在其末梢留 3 寸长的绒穗。

肚兜上的带饰：套在颈项上的带饰，一般用绒线做，未婚姑娘和新婚妇女多用银链条作装饰，就像现在人们佩戴的项链。腰部的带饰用花布或色布缝制。

襡裙的带饰：有两种。一种是用布缝制的长带，仅起着系牢襡裙的作用；另一种是用色彩鲜艳的布缝制成漂亮的装饰带，别在腰后，其带下垂至腿弯。

襡腰的带饰：板腰加绒线带，这是带饰中最讲究、最费工时的装饰品。板腰上面绣精细的花纹图案，绒线带是用九根彩色绒线编制成的辫子形长带，一端有纽襻与板腰上的纽扣相连，一端编成“蛇头”绒穗，长约 3 寸。最简单的襡腰带只用布条缝制。

卷髈的带饰：用彩色布或绸缝

制系带4根，钉在卷髈的上、下，可将卷髈扎于小腿的上、下位置。

此外，在结婚的服饰中，有一条长6尺、宽8寸的杏黄色或粉红色汗巾，系于腰间。在寿衣中，有一条黄布汗巾系于腰间。膝裤也用黄布带扎在小腿的下部。这些是礼仪服饰中的带饰。

绣　花　是吴地农村妇女用来美化服装的一种重要手段。在包头、肚兜、襡裙、板腰和鞋子上绣花，尤以鞋子上的绣花最讲究，有海棠、梅花、八结等纹样。在拼角的边缘用彩色丝线锁边，形似绲边，极为精细。

肚兜上的绣花：绣在前胸的宽边上，亦为海棠、梅花等花卉纹样。

襡裙上的绣花：在腰间褶裥上，缉绣顺风吊栀子裥。

板腰上的绣花：刺绣花卉、八结、藕、鱼、"寿"字等吉祥图案，也有用织成的彩色花边缝在上面来代替绣花的。

鞋子上的绣花：无论是"扳趾头"，还是"猪拱头"，鞋帮正中合缝处，均用红、绿丝线锁结。鞋面上的花样左右对称，并随着年龄的不同、礼仪的需要而变化。幼女、少女以蝴蝶花、梅花、蝴蝶和囡囡花为主。囡囡花由蝴蝶和花篮组成。"囡囡"是吴方言中对女孩的爱称。青年妇女以蝶穿梅菊、五园梅和"小妹壮"为主。"小妹壮"花样由芙蓉、茉莉和盛开及含苞待放的梅花组成，以"梅"来取"妹"的谐音。吴地"小妹"为未婚女子的通称，以祝福小妹健壮成长。

新婚的福寿齐眉花鞋是"踏糕鞋"。其花样由蝙蝠、双桃、梅花、千年藠和芙蓉组成。"蝠"是"福"的谐音，桃和千年藠均是长寿的象征，"梅"是"眉"的谐音，以祝福新婚夫妻福寿双全、举案齐眉。玉堂富贵花鞋是婚礼鞋。其花样由玉兰、海棠、芙蓉、桂花等花卉组成，各取花卉名称的一个字，或一个字的谐音，组成玉堂富贵的名称。梅兰竹菊花鞋是新婚期间的替换鞋。这三双鞋上都有千年藠的纹样，千年藠即万年青，以此祝愿新婚夫妻百年好合。

中年妇女的花鞋以三梅花和蓝采和为主。蓝采和的纹样由荷花、兰花和梅花组成。蓝采和是八仙之一，反映水乡妇女对八仙的敬奉。

老年妇女的花鞋以藕荷花、三荷花和上山祝寿为主。上山祝寿花样由荷花、山峰、竹子、竹笋、双桃和千年藠组成。山峰意为上山，"竹"是"祝"的谐音，双桃和千年藠寓意长寿。此鞋为老年妇女朝山进香时穿着。60多岁的老人的花鞋又以年年增福寿、威世称心、寿山福海、八仙过海等纹

裥裙褶裥

© 周民森

样为主。年年增福寿花样由荷花、双桃、蝙蝠、榛子、千年蓋等组成。千年蓋代表一年又一年，“榛”为“增”的谐音，“蝠”是“福”的谐音，双桃代表寿，以此祝愿老人年年增福寿。威世称心花样由荷花、秤星、千年韫和蜻蜓等组成。“威世”是吴语“来世”的意思；“秤星”是“称心”的谐音；蜻蜓的“蜻”，吴语读音为“心”。“威世称心”即来世称心，是寄希望于来世称心如意的意思。寿山福海花样由荷花、双桃、蝙蝠、海棠、山茶花等纹样组成。“寿”以双桃来表示，“山”取山茶花的山，“蝠”是“福”的谐音，“海”取海棠花的海。寿山福海是“寿比南山，福如东海”的意思。八仙过海花样，是以吕纯阳的宝剑、铁拐李的葫芦、何仙姑的荷花、韩湘子的笛子、蓝采和的花篮、曹国舅的朝板等物品借指八仙，俗称“暗八仙”。

农闲时节女红忙
© 周民森

老人寿鞋的花样，以三荷花加千年蒀和仙桥荷花为主。仙桥荷花由荷花和拱桥组成。桥下有荷叶和莲藕，有的在桥上还绣人的形象。佛教认为走过仙桥是进入仙境的象征。在鞋底和鞋帮上绣扶梯纹，也是寓意踏着扶梯进入仙境的意思。

寡妇的花鞋以三兰花为主，花样由三朵兰花组成，花瓣以绿色为主，间有少许红色，以讨吉利。兰花以其高洁而受人喜爱。此纹样有约束寡妇要守贞洁的寓意，具有明显的封建色彩。

花鞋鞋跟的鞋拔上，一般也要绣花卉图案。新娘子绣花鞋的鞋拔上，以绣千年蒀花样为主，祝其婚姻幸福、天长地久。

吴地妇女绣花的主要针法是缉绣、辫绣、拉锁子和直针绣四种。接针、散套等绣法则较少运用。

在苏州甪直水乡妇女服饰中，还有鬏鬏头上的装饰（见第二章第一节）及身上佩戴的各种首饰，诸如耳环、项圈、项链、锁片、戒指、手镯、脚镯等饰物。

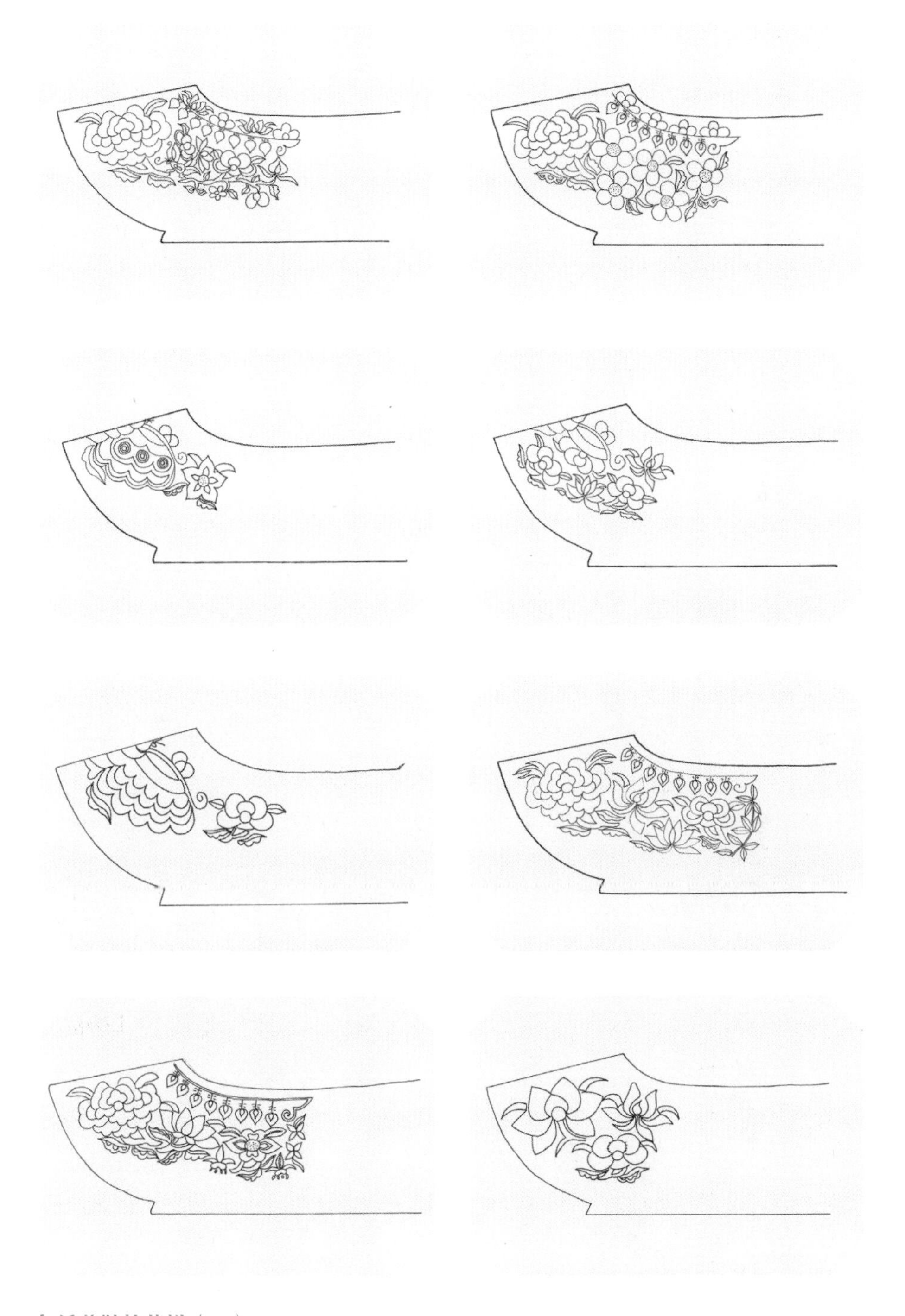

绣花鞋的花样（一）
© 魏采苹

绣花鞋的花样（二）
© 魏采苹

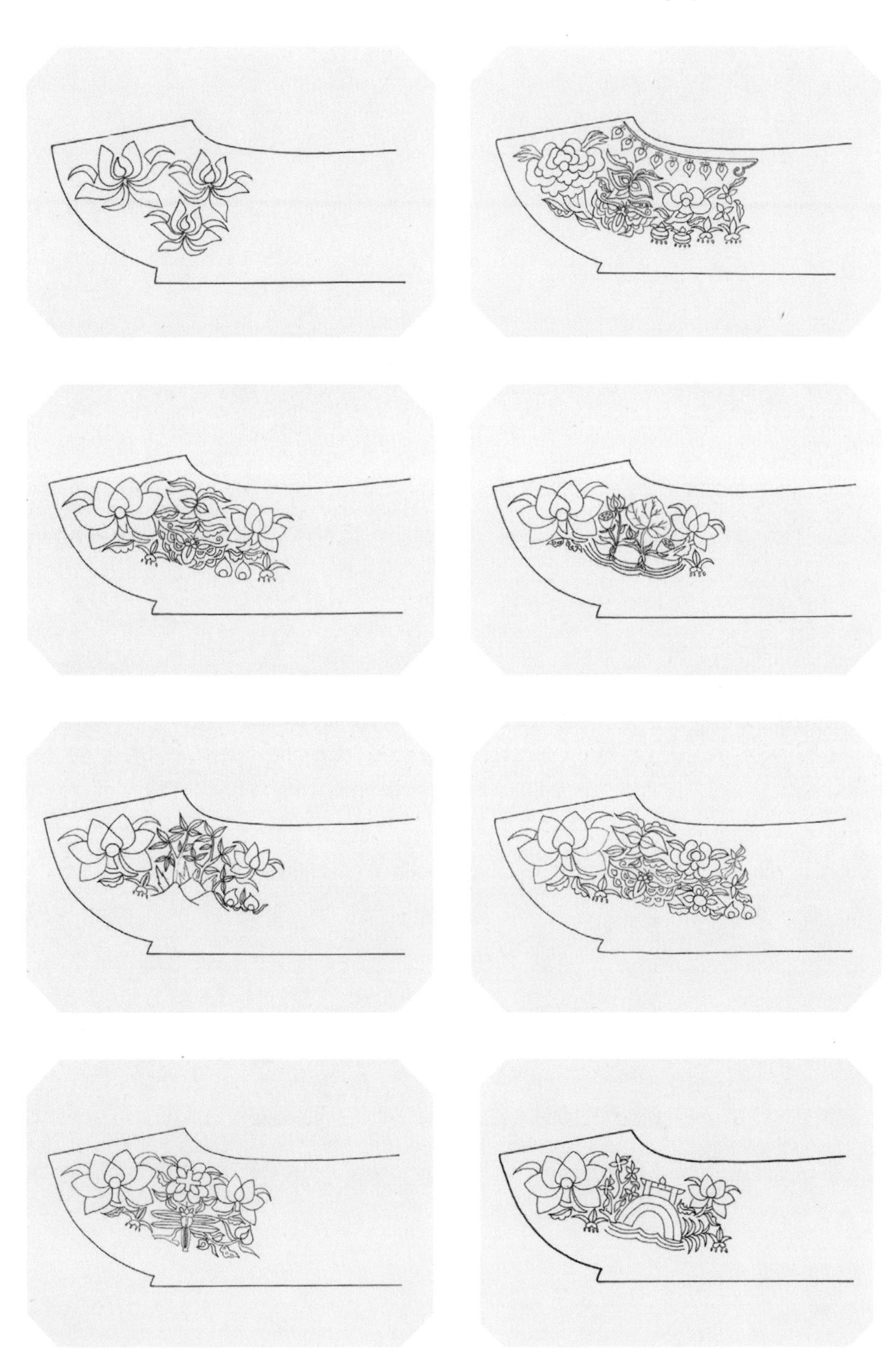

第四章 服饰与礼仪

苏州角直水乡妇女服饰，是吴东地区百姓的服饰，蕴含着吴地具有典型性和代表性的服饰民俗，有着鲜明的地域特色和浓郁的乡土气息。这些服饰是在漫长的稻作生产过程和生活实践中产生、发展而来的，体现了服饰的实用功能，反映了人们的审美情趣、伦理观念和民俗信仰。这些服饰除了日常穿着外，有的还带着明显的礼仪观念、信仰色彩。

第一节　礼仪与信仰

吴东地区妇女的服饰与人生礼仪的各阶段有着密切关系。人的一生，从诞生到死亡的过程，分阶段地确定了他的社会角色。而每一阶段的社会角色，往往是通过民俗传承中的礼仪活动显示出来的，这就是人生礼仪。我国传统的人生礼仪活动有诞生礼、成人礼、婚礼、寿礼、葬礼等多种，这些人生礼仪大多至今仍传承着，寄托着人们的人生信仰、对美好生活的向往。

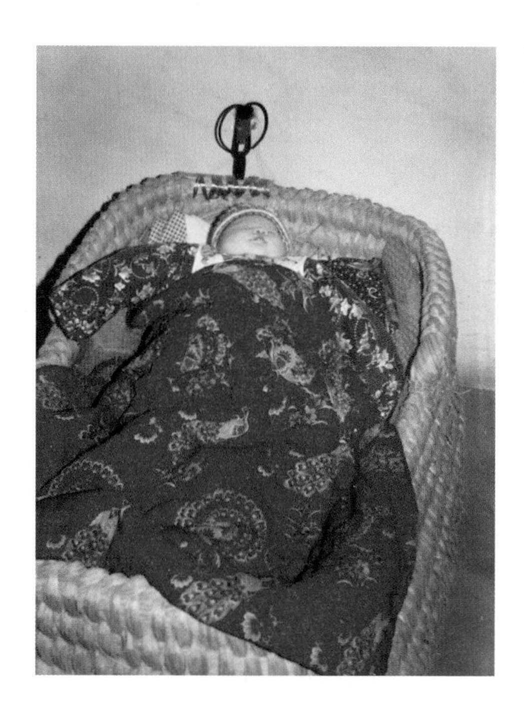

睡觉的宝宝
©屠思华

诞生礼 吴东地区农村新生儿的诞生礼，具体表现为在婴孩诞生后的二十天至三十天（满月前后）之间举行的剃头礼仪活动。

给婴儿举行剃头仪式这天，家中要斋星官。女婴斋星官用王娘娘像。孩子父母的诸亲好友要送衣料、毛线、装饰品或钱，以祝贺孩子满月。剃头仪式在吃过中午饭后进行，由舅舅抱着婴孩，请剃头师傅来象征性地剃头。剃下的胎发，用红纸包好由母亲精心收藏。剃好头，放炮仗两个。剃头钱要由舅舅付。舅舅将钱用红纸包好，酬谢剃头师傅。下午，婴孩家要送给村中每户人家一碗面。

这种礼仪活动，是向邻里或全村表明这个孩子已进入社会，从而来取得社会的承认和接纳。

婴孩满周岁时，外婆家要送摇篮和周岁衣服，孩子家要请亲友吃一天饭。

女婴在诞生后的月子里或一两岁就可以穿耳洞，以便在成年时戴耳饰。

成人礼 在吴东地区各乡村，小孩子到了一定年龄，家人就要为其举行颇有仪式感的成人礼。在古代，男孩的成人礼称为“冠礼”，女孩的成人礼称为“笄礼”，也称“及笄”。成人礼习俗，对于孩子从孩童成长为少年的激励和鼓舞作用还是很大的。甪直镇的成人礼，男性原为 6 虚岁，现在大多改为10虚岁，礼仪习俗称“落米囤”（也叫“授头顶”）；女性为13虚岁，笄礼俗称“授头发”（也称“留头发”）。

笄，即簪子，古人用以束发的饰物。笄礼，其实是汉民族女孩子普遍经历的成人礼，一般都在15岁举行。吴东角直水乡地区农村的笄礼活动，是在女孩13岁（虚岁）那年举行的。

传统笄礼一般选在七月初七，女孩的外公、外婆、舅舅、姨娘、姑妈等亲友要送衣料、饰品来祝贺孩子成年，家里办酒席招待亲友。在上午和午后斋星官。女孩首次梳好鬏鬏头，扎上包头，腰束襡裙，拜星官祃，然后放两个炮仗，以祈祷长寿。以此向人们显示，这个女孩已经成年。

女孩在举行成人礼后，其妆扮和服饰就由少女式样转为青年妇女式样。从此以后要梳鬏鬏头，上衣的花布衫逐渐为两种颜色相拼的拼接衫，或单一颜色的大袂襟所取代。绣花鞋的花样也从较简单的囡囡花、蝴蝶花，改变为较复杂的五园梅、蝶穿梅菊等。

2023年4月，角直镇文体中心对角直少女的13岁成人礼做了调查。他们先后采访了全镇目前还活跃在民间礼仪场合的4位民间艺人，了解了角直地区女孩子13岁成人礼的流布区域、历史沿革、主要内容及形式、传承现状等情况。

囡囡真乖
©马觐伯

采访对象一

龚阿二　女

1940年10月生，甪直镇陶浜村18组人，初小文化。她从小喜欢民俗礼仪活动，对自己在1952年举行的13岁成人礼记忆犹新。当年由于生活条件艰苦，礼仪从简。1983年开始，她正式跟母亲龚阿林（已故）学做喜娘。后来，她兼做民间缴血污念佛老太，对甪直女孩13岁成人礼仪较为熟悉。2003年，她协助儿媳邱福妹给孙女龚月月举行了13岁成人礼。

采访对象二

蒋根全　男

1949年8月生，甪直镇陆巷村3组人，小学文化。1966年开始，蒋根全参加宣传队，学做样板戏，接触民乐。1981年，拜本村邹礼文（已故）为师，学习宣卷，并从事传统婚礼司仪。他对甪直民俗礼仪十分精通，经常协助东家举行13岁成人礼。2008年，他为外孙女邹佳文举行了13岁成人礼。

采访对象三

胡梅珍　女

1960年4月生，甪直镇陶浜村4组人，小学文化。胡梅珍的母亲邢香宝，在1951年为13岁女孩举行过成人礼。胡梅珍先后在2019年、2021年为自家两个孙女胡依涵、胡依琳举行过13岁成人礼。

采访对象四

陈林仙　女

1953年3月生，甪直镇蒋浦村5组人，小学文化。她自小聪明伶俐，又偏爱喜娘角色。1965年，母亲曹美大给陈林仙举行过13岁成人礼。1989年，陈林仙给女儿陆建珍举行过13岁成人礼。2000年，陈林仙正式拜师学做喜娘。陈林仙的吉语口彩紧跟时代形势，新老结合，押韵连贯，幽默发噱，在当地小有名声。

古塔丽影

© 周民森

该成人礼目前流布区域：苏州古城东部的甪直镇及周边的斜塘、胜浦、锦溪、周庄等地吴东地区农村都有在少女 13 岁举行成人礼的习俗。甪直少女 13 岁成人礼，即在女孩 12 周岁生日上举办的仪式。过去在甪直地区女孩的成人礼上，女孩的发髻盘作成人女子的式样，以示成人。当地流传着这样一句俚语："13 岁做娘，天下通行。"在旧社会，女孩子 13 岁就可以结婚成家。现在的女孩再也不梳理这鬏鬏头了。

在新中国成立前，受生活条件限制，甪直农村有的家庭只有长女才办 13 岁成人礼。1958 年，该礼仪习俗曾经中止。20 世纪六七十年代略有恢复。90 年代后随着生活水平的提高，13 岁成人礼仪得到全面恢复。进入 21 世纪后，随着农村与市镇的通婚，少女 13 岁成人礼仪等一些习俗慢慢由农村向甪直市镇延伸，呈流行趋势。如今，这种礼仪虽然逐渐普及全镇，但随着时间的变迁，传统的礼仪习俗慢慢蜕变，礼节越来越从简。

甪直少女 13 岁成人礼没有专业的司仪，一般都是女孩母亲主持整个礼仪，或亲戚协助完成。在成人礼前，女孩通常留长辫子。有的留一条粗辫子，有的留两条辫子。有俗语"两条辫子拖脚跟，大红头绳扎中心"。这是 13 岁以前甪直少女的真实写照。

成人礼　甪直少女 13 岁成人礼流程如下。

择　日　就是挑选适合举办仪式的黄道吉日。本地习俗，13 岁成人礼是指虚岁，一般在冬季或开春置办。2000 年以来，为了便于亲戚参加宴席，大多挑选节假日举办仪式。

随　礼　旧时，亲属随礼以物品为主。择日后，娘舅、娘姨、叔伯、姑母等近亲送来布匹或首饰，首饰有银链子、银项圈、银手镯、银发簪等，由家庭条件决定随礼轻重。现在，随礼以礼金为主。

置新衣　收到布匹后，母亲请裁缝到家中为女孩置办新衣，通常为大襟衫、肚兜、襡裙、拼裆裤、小圆口花鞋子等。

供星官禡　在正日早上，在客堂天然几或八仙桌上，摆放女式星官一个，香烛一对，香炉一只，清香三炷，酒盅一只，炮仗一扎，长寿面一盘，"三干三湿"（红枣、花生、香瓜子、苹果、橘子、水梨）一盘，甘蔗两根，席草一把，三样（黑木耳、金针菇、笋干）拼盘一只。芝麻秆两根，分放两边。约 8 点时，点燃香烛，斟上黄酒，燃放炮仗，礼仪开始。

盘头发　母亲为女儿梳鬏鬏头，将头发从前向后总抓梳理，在后脑勺

灶前灶后乡味浓

© 马觐伯

上用彩色绒线顺序扎紧，按头把、正把、勒心、转弯心、勾头线等程序盘成发髻。插玉簪或银簪，还有风凉签、葫芦（宝石）等，最后戴上包头。还有银链子、银项圈、银手镯、银脚镯等，首饰越多，说明家族越富裕。现在，女孩子成人礼当天大都到美发店装扮盘发，没有特别的首饰，不戴包头，与新娘打扮基本没有区别，俗称“小新娘娘”。从此，女孩子结束了天真烂漫的童年时代，无论是装扮还是穿着，完全变成了少女模样，标志着其已经成年，即将履行成年人的社会责任和家庭义务，包括受聘结婚、生儿育女。

行　礼　梳妆好的女孩，要跪拜“女星官祃”。有的只是面对“星官祃”行礼三鞠躬，以祈求赐福。再喝黄酒一杯，礼毕。

正　酒　中饭吃正酒，俗称“吃蹄髈六样”。宴席一般4—6桌，客堂4桌，壁根（走廊）2桌。八仙桌开桌吃席，有红烧蹄髈、白笃鸡汤、红烧鲤鱼、炒三鲜、油筋白菜、鸭羹。近亲（父母的兄弟姐妹）全家赴宴，远亲一家一人赴宴。也有不请远亲的，视家庭条件而定。席上备有黄酒、白酒，香烟2包。

敬乡邻　下午2点钟开始“抬面”，送乡邻每家一碗红烧肉面，告知女儿13岁了，以示成人，已到谈婚论嫁年龄。

夜　餐　与正酒有所不同，不吃蹄髈，改吃散肉，即为长方形红烧肉。正酒剩余的菜肴，加热即可上桌招待客人。

在2000年前后，东家还邀请民间戏曲班，中午唱折子戏，晚上唱宣卷，亲眷、邻里欢聚一堂，一直到晚上10点左右才结束。

如今，家家女儿一到13岁，都要宴请亲朋好友、孩子的同学祝贺，有的请厨师在自己庭院搭棚办酒，有的在小区礼堂办酒，有的在酒店办酒。酒水丰盛，吃生日蛋糕，场面与婚宴相差无几。

现在，甪直镇传统的少女13岁成人礼仪习俗濒临消失。农村会主持礼仪的妇女不多了，知悉礼仪的代表性人物有甫田村蒋根全，甫港村龚阿二、胡梅珍，淞浦村陈林仙等，年龄都在60—85岁之间。胡梅珍留存有玉簪、银耳勺等成人礼仪的头饰多件。相关实物遗存极少，传承现状令人担忧。

婚　礼　吴东地区农村在新中国成立前盛行攀小亲，在孩提时，经媒人说合，父母做主，就订婚受聘。结婚前后要经过以下礼仪流程。

媒人说亲　也称“请帖子”。

取年庚八字　年庚八字即人出生的年、月、日、时的干支，总共八个字。

送小盘　即订婚。礼品有大布（4—6个）、茶叶、黄豆、米、聘金（按一岁一石米折钱）。这一带有“好马不吃回头草，好女不吃两家茶”的谚语，所以茶叶是订婚礼中不可缺少的礼物。

择　日　选定结婚的日子，由男方送红帖通知女家。

送大盘　即举行结婚大礼。礼品有聘金、金银首饰、喜果等。还须送一身贴肉棉袄、夹裤给新娘在举行结婚仪式时穿着。在结婚时，一般要为新

母女合作做嫁衣 © 马觐伯

娘子准备三套衣服，让新娘子在不同的时候穿着。

寿　礼　吴东地区农村妇女进入50岁后，选择闰年缝制寿衣，这有讨长寿吉利的意思，并举行念佛开斋堂仪式，来象征自己已进入老年时期。

念佛开斋堂的仪式根据各自的经济条件，规模有大有小。一般是当日主妇请附近的念佛老太和村中的老年妇女，到家里来念经，用素斋招待。主妇身穿寿衣，在念佛老太和村中老年妇女及亲属晚辈的陪同下，绕村上大道，前往本村寺庙进香祈祷。隔日还要开荤席招待村中的老年妇女和亲友。

有的老人年届六十、七十、八十时，都要提前一年，即“逢九”做寿，晚辈要为其祝寿。

水乡婚礼
© 陈彩娥

第二节　礼仪服饰选介

苏州甪直水乡妇女服饰中的礼仪服饰，主要有婚礼服和寿衣。令人感到奇怪的是，新娘子穿的夫家娶亲送来的贴肉棉袄、夹裤的颜色和式样，同老年人寿衣中的棉袄、夹裤的颜色和式样相近，甚至基本相同。由此可见，作为特定时候特定环境下穿戴的礼仪服饰，与日常服饰迥然有别。长期因循守旧、式样古朴、色泽深沉的礼仪服饰，反映了礼仪民俗的传承性和顽固性。而贴肉棉袄寓意穿了丈夫送的“贴肉衣”，就是丈夫家的人。语言的率真和质朴也是显而易见的了。

女子结婚，是人生的大喜事。新婚期间新娘穿着以靛青色为主的衣裳，色彩单调，做工简单，基本不加修饰，装扮成小老太婆，以此来教诫新娘，从此结束了少女时代那种天真烂漫的生活，要端庄稳重。这些礼仪服饰文化的功利性，侧面反映了封建时代新娘受公婆、丈夫管束的封建礼教陋习。

一、传统婚礼服

青年妇女为结婚准备的嫁妆中，服装占很大比重，式样虽常见，但颜色鲜艳，拼接讲究，镶边细致，绣花精美，是准备婚后日常生活中穿着的。当新娘时穿的内衣，用粉红色绒布缝制。在举行婚礼仪式和婚后有三套必穿服装，其质地、样式和穿着时间，虽无明确规定，但有传统的做法。

第一套　是男方迎亲时送给新娘穿的，多为用蓝绸缝制的棉袄、夹裤，俗称“贴肉棉袄、夹裤”。新娘结婚时，头扎大兜（黑绸做面，绒布做里，正中镶宝石，两侧镶嵌银饰），身穿贴肉棉袄、夹裤，腰束黑绸长裙和杏黄绸汗巾（也有用大红、粉红绸做的汗巾），小腿裹织锦缎夹卷髈，脚穿杏黄色纱袜，着“扳趾头”绣花鞋。新婚期间的绣花鞋有三双：举行婚礼时穿玉堂富贵纹样的花鞋；放在“轿前盘”的糕上，俗称新婚的“踏糕鞋”，是福寿双全纹样的花鞋，该鞋还将随着接新娘的花轿和堂船回到新郎家；婚后替换穿的是梅兰竹菊纹样的花鞋。贴肉棉袄、夹裤还要在下列场合穿用：翌日新娘回娘家，结婚后第一个春节回娘家拜年（俗称“拜年节”），参加母亲50岁以后的念佛开斋堂仪式，参加同辈至亲好友的婚礼。

第二套 举行结婚仪式的礼仪服装，这套是和花轿一起租来的。新娘仅在轿上和举行婚礼仪式时穿戴。主要是珠冠，粉红色绣凤穿牡丹等纹样的花衣、花裙。

第三套 新娘在婚后日常劳动时穿着的衣服，全用土布缝制。头上扎靛青色土布包头，上衣是靛青色土布短衫，下着蓝底白印花土布裤。裤裆不拼接，腰束靛青色土布长襡裙，其褶裥简单，不绣花、不用板腰，小腿裹桃红色印花土布卷髈，脚穿蓝印花土布袜，着绣花“扳趾头”鞋。这套衣服颜色深沉，式样简朴。

摇着堂船进浜来
© 马觐伯

妇女结婚必备的三双绣花鞋上的纹样，是由各种花卉图案组成的富有吉祥意义的玉堂福贵、福寿双全、梅兰竹菊，寓意阖家欢乐、富贵吉祥、和谐幸福、白头偕老。人们将婚姻的幸福美满、家庭的富裕兴旺等美好愿望，巧妙地组合描绘在新婚绣花鞋的花样之中，通过花卉名称的谐音表达出来。这充分显示了礼仪服饰民俗文化的内涵和价值。

二、寿衣

旧时农村妇女满 50 岁就进入老年，由女儿购买衣料，送给年过五旬的母亲做寿衣。缝制寿衣大多选择有闰月的年份，她们想利

穿着寿衣的老人
© 屠思华

晒烤衣服
© 马觐伯

用闰月的自然现象，祈祷母亲延年益寿。

寿衣，就是准备去世后穿的服饰。对寿衣的缝制和穿着，有相沿成习的要求，样式古朴，色彩讲究，缝制精细。

大　兜　匝头用，黑绸面，灰布里，整体呈山形，在兜的正中，缀白色小玻璃珠，也有不点缀珠的。

上　衣　内衣是白纺绸做的大襟短衫。外衣有 4 件：大襟蓝绸夹袄；大襟蓝绸棉袄；对襟大红绸夹加衫，衣长过膝；对胸茄紫色素缎夹披风，领圈和胸襟做全镶绲边，或胸襟做独龙绲边，但袖口不绲边。所有的夹里，用灰、青色布做，绲边均用黑素缎。

裤　子　内裤是白布做的长裤，外裤是蓝绸夹裤，裤脚绲黑素缎宽边，夹里用灰、青色布等来做。

大红绸夹长裙　色彩与大红加衫相同，裙的幕面和边缘用黑素缎做双边绲。丧偶的妇女则穿黄色绸长裙。

黄布汗巾　束在披风外面的腰间。在汗巾的两头书写姓氏或名字。

黄布香袋　套在颈项，悬在胸前。袋上书写“某门某氏”或“某氏”的字样，也有不写姓氏的。其上盖如“杭州灵隐寺之印”的朱红钤记。

膝　裤　呈圆筒形，三段拼接而成，上段用蓝布，中段为蓝绸，下段是黑绸。膝裤套在小腿下部至踝骨部分，折成凸起状，用黄布扎牢。

袜、鞋　袜子为白布袜。鞋是专门绣制的寿鞋，鞋底不纳，仅用线绣简单的扶梯图案，有“脚踏扶梯步步高”的意思，祈求死者穿着这双鞋，不入地狱，登着扶梯进入天堂仙境，也有祝其一家一年更比一年好的意思。鞋面绣花以常见的荷花纹饰为主，有三荷花加千年蒀和仙桥荷花等。

苏州甪直水乡妇女服饰中的礼仪服饰，有着浓厚的宗教迷信色彩，反映了吴地民间民俗文化对服饰文化的影响。

第五章 服饰与稻作文化

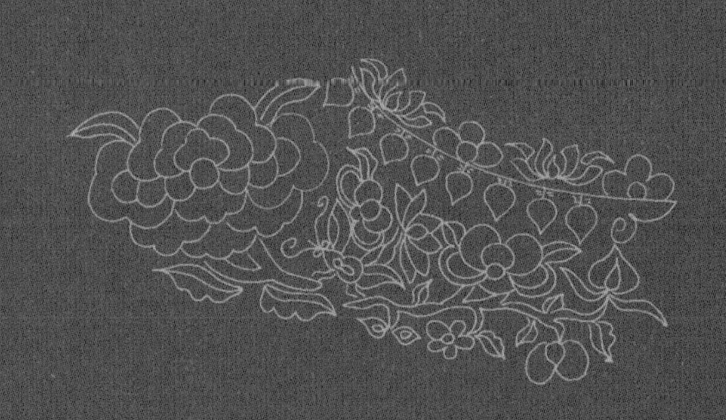

从澄湖遗址发现的人工栽培水稻遗存及稻谷的炭化物分析得知，吴东地区先民种植水稻的历史在6000年以上。《尚书》中说："惟人万物之灵。"在人类发展进程中，活跃的能动的因素很多，但决定的因素是人，不是物。几千年来，是一代代劳动人民逐步总结出了水稻的生长规律，掌握了水稻种植的基本环节，包括整地、育苗、移栽、除草、除虫、耘耥、施肥、灌水、排水、收割、晾晒、进仓、碾米等。这些环节不仅烦琐，有的环节在水稻生长期必须重复进行，而且还得遵循时令节气。正是这些重要的耕种步骤和环节，催生了许多先进的生产方式和耕作工艺，促进了生产资料的创新和发展，同时也创造出了适应劳动者生产生活的服饰。

吴东地区草鞋山遗址发现的葛（麻）织物，是吴地劳动人民服饰产生、发展过程中的重要物证，至今也有五六千年历史。织造葛（麻）布料就是为了更好地缝制衣饰，更好地遮盖身体，更好地适应不同时节的耕种需要。当然，今天的苏州甪直水乡妇女服饰定然是在五六千年前的原始服饰基础上，历经世世代代劳动妇女顺应稻作农业

生产的需要和对美好生活的向往，不断地发展、演变过来的。

吴东地区的传统妇女服饰是汉民族劳动人民服饰的杰出代表，无论是衣料的选择、式样的拼接，还是花纹的组成等方面，都有很强的地域性和传承性。几千年来，一代代劳动妇女根据生产生活需要，不断地创造、改进，才形成了既有实用价值，又符合水乡妇女审美情趣的苏州甪直水乡妇女服饰。

第一节　传统农业中的水稻栽种过程

苏州甪直水乡妇女服饰是稻作农业经济的产物，是在传统农业生产过程中逐步产生、发展而来的。我们试图通过介绍吴东地区传统稻作农业生产过程，诠释苏州甪直水乡妇女服饰的发展历程。

水稻的种植从做秧田、做莳田、拔秧、种（插）秧，再到耥稻、耘稻、扬稗、斫稻，直到收晒、掼稻、收仓。每一件农事不仅十分繁杂，更要抢抓农时。

斫稻时节
© 周民森

做秧田 做秧田的地块早在上一年秋收后，就被留下来，不再翻土种植小麦等其他农作物，而是连同稻根，任凭风吹日晒，度过寒冬腊月。因此，农民把该地块叫作“腊板田”。据老农讲述，腊板田经受冰冻季节，隐蔽在稻根部位或土壤表层的害虫及其虫卵会冻死。

来年春天，待到百草葆青，妇女们穿着传统的服饰，掮着铁搭，走到腊板田里。她们每个人坌三铁搭宽，正好是六棵稻根为一埨。大家开好了头，就争先恐后地每坌三铁搭宽，向前移一步，一埨坌到头，再换一埨。这是开春以来第一次把田地翻个身，让泥土享受阳光的照晒，人们称这一次翻土叫作“坌春田”。春田里的泥土经过冰冻、霜冻变得松弛，又没有其他农作物吸收土壤的肥效，农民留腊板田做来年的秧板田，用心就体现在这里。现在回想起那劳动场景，简直是一幅充满江南韵味的“春耕图”，绿油油的麦浪中，点缀着金黄的油菜花和粉红色的红花草，这绿浪涌向水天相接的远方。近处坌田的妇女们，从头上的包头，到身上的拼接衫，到腰间的襡裙，艳而不俗的色彩组合，韵味十足，夺人眼球。

“秧田勿细‘倒’，未出秧苗先出草。”这是农家的经验教训。春田经过翻土，泥土经阳光照晒后，有的杂草已经枯萎而死，有的仍然活着，必须把翻过的泥块反复削细，让杂草没有重生的机会。做这样“削田”的农活，妇女们有的是耐心，它比做精细的针线活轻松多了。几天后，等泥块晒得干枯，再灌上河水，浸泡、软化泥块。随后，农民卷起裤管下水把田间地块削平。等放干田间存水后，农民从田横头（农田前后的尽头）开始，用铁锹挖出便于灌排的约 30 厘米宽的小沟，每隔开不过两

秧板田里
© 马觐伯

秧板田里
© 马觐伯

米宽的秧板再挖一条小沟，如此循环。做成的每块秧板，再用跳板（供人上下船走的木板）把每一垄秧板压平。有的两人分别站在秧板左右的小沟里，弯下身子，双手压着跳板向前推行；偶有一人站在跳板上，双手握住长柄塘耙的竹梢，坌住秧板前方，一边拉着长柄，一边扭动身体连同跳板缓缓前行。经过反复推拉，一垄垄秧板变得结实又平整。

秧板做好后，给整块秧田重新灌上一层薄水，检验秧板的平整度。如果还高低不平，得立即修整。用长柄塘耙坌牢一根 2 尺来长的又平又直的木条，在凸出的地方反复推拉，直到磨平。如果低洼处仍有凹陷，则从沟里取出淤泥填补，再推拉磨平。

浸种、落种　农时一到，农民把稻谷种子放到淘箩里，到河里去淘洗，捞出浮在水面上的秕谷，再倒进预先用稻柴编制的一只只稻种包内，然后扎住每一只蒲包上口，再用稻柴绳子串住浸入河中。浸泡两三天后捞起，放置到室内用稻草铺底的柴上，然后再在稻种的四周及上面也盖上柴和稻草，以保温、催芽。

当稻种的芽、须都萌发后，农民就将稻种或挑或掮，运到田野里，均匀地播撒在秧板上。紧接着再均匀地撒上筛过的稻草灰，把稻种覆盖住，既保

秧板田里
© 马觐伯

持秧板的水分和温度，又防止太阳暴晒导致嫩芽枯萎。

几天后，一根根秧苗从稻草灰里钻出来，慢慢绽放出嫩叶，给人以满心的喜悦。农民会密切关注秧板的干湿、秧苗的肥瘦。如果秧苗缺肥，叶子发黄，农民就要用被捞去渣滓的稀释后的人粪泼浇，使秧苗茁壮成长。

斫　麦　即收斫麦子。春末夏初，麦子成熟，农民就选择晴好的天气，开始收割。如果麦子熟透了，麦粒一碰就会从麦穗上掉落下来。一般隔日就磨好戟子（镰刀），备好鞋子。是日大清早，妇女们穿着传统服饰，脚上穿着蒲鞋或破旧的绣花鞋，手拿戟子，来到田头。手脚利索的第一个下田，负责斫靠近田岸的第一埭。斫麦跟斫稻不同，没法六行一埭，只能凭感觉斫三刀为一埭，一个麦埨两至三人均分。大家右手握着戟子使劲割，左手扶着割下的麦子趁势向左按下，一步一步地快速向前。斫了一阵子，大家都觉得背心上冒出汗水，就不约而同地卸下襡腰、襡裙，脱掉罩衫，然后再重新在上衣外束上襡裙、襡腰。

成片麦子割倒后，晒上一两个太阳，就可以收捆。捆麦之前，无论男女，都要准备襹腰头，围在右侧腰间，俗称“束稻爿”。他们带着稻柴来到田头，每人一埭。每次抽出七八根稻柴，右手握住柴头，左手握住柴梢，向前收拢三把，合并成一个麦把。然后双手对接，放到右侧腰下打结、收紧，放在身旁。

待整块田地的麦把全部捆扎完毕，再用担绳扣担，然后就用扁担把一担担麦子挑到船上，运到场地上。择日就掼麦（脱粒）、扬尘、堆积。

坌田、挑泥　麦子收割以后，把麦田垄翻个身，用牛拉犁翻土的叫“耖田”，靠人力用尖齿铁搭翻土的叫“坌麦田”，又叫“拆田”。

坌田、挑泥都是为插秧做准备的农活。有句农谚：“人要吃饭稻要肥，白田种秧一包气。”早在上一年冬天的农闲季节，农民们就着手开泥潭、罱河

秧板田里
© 马觐伯

牛拉刮草耙平整田地
© 屠思华

泥、积肥料，当年初春又一次翻泥潭，加入一些稻柴、杂草、淤泥，以增加肥效。此时，男性农民就把原先沤制好的自然肥料用塘耙装进土褡（一种畚箕形状的用竹篾做成的工具。两只土褡称一副，穿在扁担的两头成一担），一担一担从泥潭挑到田中央。把肥料挑到未翻土的麦垄上的就叫“挑开垄”；挑到已经翻土但未灌水的田地里的叫“旱发担”；挑到既翻土又灌水的田地中的叫“爬水担”。

把挑在田里的一堆堆肥料均匀地撒开，叫“开泥”。这样的农活基本上由妇女、老人或少年完成。从泥潭里挑出来的柴泥，肥效是足，但臭味很浓。有的用塘耙把一堆堆柴泥抛撒均匀，有的干脆用双手来抛撒。特别是遇上猪粪（猪窠里挑出来的沉积物）之类的肥料，也得一把一把抓在手里，再使劲抛撒。做完开泥这农活，手上留下的“余香”，三天五天都难以散去，不知你能否想象开泥当天端着饭碗的滋味？

做莳田 翻土时，不管是牛犁的田，还是人力坌翻的田，每垄间都有一条凹沟。翻过的土晒上几个大太阳，人们就要往里灌溉河水。农民依托田里的水平面，把泥块坌碎、拉平，使田地平整，便于莳秧，所以该农活

◎拔秧 马觐伯

就叫“做莳田”。

人力削平的莳田，还得经过耙田才能插种秧苗。耙，是一种传统的农具，形如长2米、宽1米的长方形的木框，在前后长框下面安装三角形铁刀的叫“刀耙”，在左右短框之间安装带有木齿转轴的叫“刮轴耙”（俗称“草耙”）。给耙前边的左右两角系上绳索，连接套在牛颈部形如鸭头的木架上。耙田时，农民双脚站在前后的长框上，一手握着牛绳，一手握着齐腰长的带钩的树枝，指挥着牛向前牵引。刀耙可把略大的泥块剖碎、耙平，刮轴耙则可把稍大的泥块戳碎、

耙平。被耙过的莳田，几乎达到水平如镜，基本上看不到裸露在水面之上的泥块，也没有明显低洼的水塘。

拔　秧　妇女们来到秧田边，脱掉脚上的绣花鞋，撸起袖子，用“秧缚柴”扎住裤管。有的妇女小腿裹着卷髈，就只得把下端解开，翻裹在裤管外，再用卷髈的带子连同裤管一起扎住。“人到秧田头，先顾脚与手”，准备工作就绪，妇女们整理一下包头、襡腰，就迈向秧田，蹲下身子，用双手拔、拉秧苗。因为拔秧苗是为了移栽，所以自古以来还有一定的拔秧架势。为了便于运输，更为了秧苗根须自由伸展，拔秧时都得把秧苗根部的泥巴洗净。有的妇女干脆带了秧凳（凳子四脚连接着比凳面还大的木板，防止凳子陷入秧板），放在拔掉秧苗的秧板上，面向秧苗，把襡腰垫在屁股下坐在秧凳上，身体稍微前倾，如此一来，舒适度增加了不少。

水乡农妇忙插秧
© 周民森

拔秧时，一般一块秧板上安排两位妇女，她们一手用四指反手围住十来株秧苗的上部，大拇指顺势夹住；另一手用大拇指和食指捏住秧苗的根部，两手合力拉拔，秧苗就拖泥带水离开秧板，被握入另一手中。这样重复两三个回合，手中的秧苗已成满满的一大把，妇女们就双手配合洗净根部的泥浆，再用预先准备的稻草扎成一把，放在身旁。在如此循环的劳动中，妇女们还能兼顾拉家常，话理短。不到半天工夫，秧板上绿油油的秧苗已经成了排列有序的一个个秧把。它们等待着男劳力用土褡或秧篮运送到耙平的莳田里。

插　秧　南宋诗人杨万里有一首《插秧歌》，该诗生动地描绘了江南农户全家总动员插秧的情景："田夫抛秧田妇接，小儿拔秧大儿插。笠是兜鍪蓑是甲，雨从头上湿到胛。唤渠朝餐歇半霎，低头折腰只不答。秧根未牢莳未匝，照管鹅儿与雏鸭。"田夫、田妇、大儿、小儿各有分工，拔秧、抛秧、接秧、插秧，紧张忙碌而秩序井然。

吴东地区的农妇，个个都是插秧能手。她们到了田头，整理一下包头，一边从裯腰口袋里拿出自己缝制的"大拇指"布袋，套在自己右手的大拇指上，以防在插秧时手指被刺伤；一边与身边的姐妹们相互交流，选推插种高手首先下田。其实，大家都了解彼此的插秧技术，喧闹了一番后就依次下水田，开始插种。这犹如马拉松长跑比赛，一声令下，各自加速，没过多久就分出个快慢。刚才在田头还站成一条直线，一会儿就成

牛车
© 马觐伯

了略显弧形的斜线，犹如群雁飞翔。

秧苗插种五六天后就基本成活，农妇们就要下田巡查，检查是否有浮棵、缺棵。如发现浮棵，就立刻俯身插好；如有缺棵，则把手中提着的米囤稻（整把放在稻田边的秧苗）给补种上。在巡查过程中，如果发现杂草，就得一一拔掉。

耥　稻　耥稻的工具叫“木板耥”，分长耥和短耥两种，在10厘米宽、50厘米长，或10厘米宽、30厘米长的木板上，从前往后钉上五六排钉子，安装或长或短的竹竿。耥稻，就是用耥耙在稻苗的行距间推拉，靠耥耙下几排略带弧形的铁钉扒松田泥，拉断稻苗的老根，促使它们长出新根，发棵分蘖。据有经验的老农讲述，水稻作物分蘖位的高低与分蘖的成穗率密切相关。分蘖位愈低，其分蘖发生愈早，生长期愈长，也就愈容易成穗，这是几千年来劳动人民的智慧结晶。因此，耥稻是一件重要的农活，季节性极强。耥得早，小稻苗还没长好，不经耥；耥得晚，容易拉断已经长出来的新根，会影响稻苗生长发育。所以，该农活得男女齐上阵，抢时间，保质量。

相比插秧，现在耥稻的农活轻松、舒适多了，尽管顶着烈日，冒着酷暑，但他们只是站在稻田里来回拉动耥耙。于是，喊唱山歌成为大家苦中作乐的开心事。劳动人民的智慧是无穷尽的，做不同的农活能唱出不同内容的山歌。不知是他们从人的结婚嫁娶联想到水稻发棵分蘖，还是从水稻的发棵分蘖联想到人的结婚嫁娶，他们一边坚守着“三推三拉一荡耥”的耥稻规则，一边唱起了心中的歌谣，如“小稻要耥，小娘要郎”，“未做媳妇瘦怪怪，一做媳妇像朵花”，“东边日出翻过云，小小耥板六排钉。耥竿就像摇钱树，耥耙底下出黄金”。据当地老农民回忆，耥稻、耘稻时节，田野里从早到晚喊唱山歌连绵不断，此起彼伏。有时还会遇上隔壁村组的农民喊唱，那歌声彼此不甘落后，更是响彻云霄，久久回荡。大部分山歌是在世代喊唱的过程中流传下来的，有的农民口才出众，即景生歌，能够随机创作出几首山歌来。他们绝不会瞎喊乱唱，早晨肯定唱“东天日出……”，傍晚就唱“日落西天……”

唱山歌并不影响耥稻，相反，喊到快节奏时双手更加有力，出手更加快捷。一般喊头歌（领唱）的农民，往往农活也赶在前头。周边农民为了听山歌，大家会不约而同地紧跟在喊头歌的农民身旁，真有点儿你追我赶的态势。唱归唱，赶归赶，大家对每一耥都不敢懈怠。在每一埭由六棵稻苗形成的行距之间，他们使出双臂全力，在每行两侧稻苗的根旁三推三拉，既要耥到稻苗的根部，又不能耥倒稻苗。在推拉之间都要集中注意力，趁势换埭（行）时，耥板头下的钉子不能戳伤稻苗的叶子。耥稻者必须身体倾斜，双脚斜立，眼观耥板。双脚交替前行时，又得踩准踩实，不能踩坏秧苗。

耘　稻　耥过五六天，又要开始耘稻。相比耥稻而言，耘稻显得又脏又累。耘稻者须双膝跪在稻田里，用双手十指把六棵稻旁的泥土扒松，把没有耥倒的杂草扒掉，按入泥里。有《耘稻歌》唱出了耘稻者的辛劳：“耘稻要唱耘稻歌，两髈弯弯泥里拖。眼窥六只棵里稗，十指尖尖捧六棵。”“面朝黄土背朝天，太阳当头像火煽。十只指头只只酸，汗水直往稻田钻。”

跪着耘稻的农活，大多由男劳力操作。不过，他们的衣着也特别讲

究：头戴草帽，身穿席草编织的背褡，两臂戴一副竹篾编制的臂笼子，下身穿一条席草编织的草裤，两膝各包一块膝馒头布，双手的手指上分别套着竹篾编织的指头篮。他们站在田横头，全副武装后就陆续下田，动手耘稻。妇女们往往只是弯腰俯身耘稻，俗称“走耘”。她们穿着的传统服饰，本身就是劳作时的护身法宝，所以只要加戴臂笼子、指头篮就能下田耘稻了。如果妇女难忍腰酸之痛，也可以直接双膝跪在稻田里耘稻，因为她们的包头替代了草帽，襡裙替代了草裤，拼裆裤替代了包膝馒头布。

扬　稗　俗称“拔稗草”。稗草和稻苗，一般人很难区分，只是由于稗草生命力强，它就比稻苗长得稍高，而且稗草的叶、茎色泽略淡些。有经验的老农说，稗草如果不拔除，它的根系比稻苗发达，就会吸收周边的肥力，使稻苗难以生长，渐趋萎缩。该农活基本不用消耗体力，原则上由妇女承担。她们穿着传统的水乡妇女服饰，包头上的流苏等饰物和襡腰后的板腰、流苏，与碧绿的稻田相映生辉，构成了一幅江南水乡的美丽乡村画卷。她们边向前行进，边拔除稗草，边喊唱山歌，欢声笑语，不绝于耳。妇女们的山歌声容易引来男同胞的对歌：“郎唱山歌顺风飘，下风

拔稗草
© 周民森

头阿姐勒浪拔稗草。听仔奴山歌慌乱了心，害倷稗草不拔，拔稻苗。”安静的田野、美丽的乡村就这样沸腾起来了。

扬稗一过，就进入农闲季节。妇女普遍留在家里，有的喜欢凑在一起，找个凉快的地方，边做针线活，边聊家常事。做新衣、掼肩头、扎鞋底……各显神通。中年男子三人一组，开船出去罱市泥（到市镇河道中去罱泥），积肥料。

斫　稻　“寒露呒青稻，霜降一齐倒。”该农谚告诉人们寒露节气时，水稻已经基本成熟，但它与小麦不同，“麦熟要抢，稻熟要养”。稻子从插秧到寒露才 100 余天，主穗基本成熟，有些晚分蘖的还是稻浆，最多刚结成淡青色的嫩米。

从寒露到霜降的半个月里，农民们更加关注稻穗的成熟，选择晴好的天气，决定开镰斫稻的日期。斫稻与斫麦一样，隔日磨好戟子，备好鞋子。是日大清早，妇女们穿着传统服饰，脚着布鞋或蒲鞋，手拿戟子，来到田头。一人一埭，每埭六棵宽，大家右手拿着戟子，左手呈反握状，双手配合，从右往左，两行一把一戟子，一埭六行分三刀斫下，左手把斫下的稻子趁势向左按下。

斫稻与种秧都得弯着腰劳作，但斫稻比种秧更费腰力，所以，斫稻的主力军是妇女。她们双脚开立，右手握镰，左手撩稻，一步一步地快速向前。不知是女性的生理优势，还是传统服饰中襡裙、板腰的功能发挥，妇女在斫稻过程中真的很少站立，而且站立时间极短，捶腰次数极少。她们割了一阵子，背心上冒出汗水，就不约而同地卸下襡腰、襡裙，脱掉罩衫，然后再重新在布衫外束上襡裙、襡腰。这一短暂的过程，还是一次时装秀呢，好多妇女穿着的就是前阵子缝制的掼肩头布衫，有的心生羡慕，有的自豪感满满。

收　稻　成片稻子割倒后，晒上三四个太阳（晾晒三四天），加上干燥的西北风吹拂，稻草干瘪、稻谷干爽，就可以收捆。捆稻之前，无论男女，都要束稻爿，保护裙裤。他们带着稻柴来到田头，每人一埭，抽出

挑稻
© 马觐伯

脱粒（在自己场头用小型脱粒机轧麦）
© 马觐伯

七八根稻柴（有的直接用田间的稻子），像捆麦穗一样双手配合，收拢两三把，合并成一个稻把，打结、收紧，放在身旁。

整块田地的稻把全部捆扎完毕，再用担绳（用麻皮打成的比小指略细的绳子，一头系一只用毛竹块做成的担钩）扣担：相距约 2 米平行放上两根担绳，双手各抓两三个稻把，稻穗向里放在担绳上，如此叠放四五层称为“一头”，对称的“两头”为一担。然后用担绳梢绕过稻堆，扣住担钩，用力拉紧。再单膝跪在稻堆上使劲收紧，把担绳用活结（解时一拉即可）扣住担钩。不一会儿，田地间整齐地堆放着一担担成组的稻子。

接着，就是用扁担把一担担稻子挑到船上。农民熟练地把扁担先后插进两头的担绳圈里，双手把扁担往上一托，担子就放到自己肩上。有的田地距离河边船只遥

罱河泥
© 张惠娟

远，就得两个人接力完成。中途过肩直接授担，不能落地，以防稻谷因碰撞地面而掉落。在船上装叠稻堆的绝对是经验丰富的老农，叠稻堆不是一般人能够完成得了的。

掼　稻　传统的脱粒农具叫“稻床”，通常为在长方形的木架上水平插上相隔约5厘米的一条条竹片。稻床的两条长框一头落地（或安装两只短脚），另一头各安装高1米左右的木脚。掼稻时，双手握住稻把捆扎的部位，高高举起，使出浑身力气来回在稻床上用力掼打，使谷粒脱落。一个稻把掼完，换一个再掼，这场景谷粒飞溅、柴屑飞扬。农闲时节编制的车帘被围在稻床四周，阻挡了四处飞溅的谷粒；妇女们的包头也挡住了飞扬的柴屑，有效地保护了头发。

掼稻是一项全身运动的农活，一天下来，筋疲力尽。全部掼完了，还

得再接再厉，用木制风车或自然风力，扬去尘埃，把干净的稻谷运入室内上囤，择日牵砻。

洗　柴　谁知盘中餐，粒粒皆辛苦。没有谁更比农民懂得粮食的来之不易，所以，颗粒归仓早已成为农民的自觉行动。他们除了在田间地头拾稻穗，还要把掼过的稻柴再“洗”一遍。

洗柴的工具是一段竹棒，约60厘米长，除留下10厘米左右的握手部位外，其余部分削去一半，俗称“洗柴棒”。妇女们拿着凳子，面向墙壁（或车帘）而坐，身旁堆放掼完的稻柴，左手拿起稻柴放在右腿上方褶腰上，不停地掰开、旋转稻柴，右手从里往外使劲刮打。妇女们再次经受谷粒飞溅、柴屑飞扬的场景，努力把没被掼下来的稻谷，粒粒洗净。

牵　砻　砻，是去掉稻壳的农具，形状略像石磨，共两爿，多以坚硬的木料制成。牵砻才是栽种水稻的丰收环节，农民们期待着木砻里喷流出香喷喷的糙米。因此，在牵砻的前天晚上，就得清扫场地，搭好棚架，支好砻床。一般人家都是依靠传统的人力手牵，使木砻碾去稻谷上的外壳——俗称“砻糠”。大户人家则采用畜力拉转的牛牵砻。有的专门盖上磨坊屋，牛在外面牵，砻在室内磨。

积　肥　过去，农民家庭每天打扫的垃圾、乱柴、杂草，还有定期清除的禽畜巢穴中的粪便，用农船运送到田间地头开挖的泥潭旁，待到与污泥混合发酵后，成为上等的有机肥料——吴地方言称作“垩壅”，促进土壤发酵从而改变土质。

罱　泥　是非常古老又传统的积肥方式，现在的年轻人已经很难看见它了。罱泥的工具叫“罱网”，由罱网竿和罱网兜组成。罱网竿由又细又长的毛竹制成，罱网兜一般用粗棉线结成。那个年代的中老年男子在农闲时节经常会编结或修补罱网。

罱河泥，都是男同志干的农活，妇女只做撑篙的辅助活。男人站在农船橹前的前舱或后舱的船板上，双脚前后站立，双手前后分开罱网竿，使网兜张开，直抵河底。再使劲撑动上面的罱竿，使网兜在河床上衔满沉积

用箉篮箉菜籽

© 柏洪峰

的淤泥。然后双手前后收拢罱网竿，用劲提出水面，趁着惯性荡过船舷，迅速将罱网竿松开，使河泥落入舱内。如此循环，男人一网一网地把河泥罱进船舱。罱泥船上的妇女，有的手握篙子，站立在架于船舱上面靠近橹后的跳板上。当站在橹前的男人使劲向前撑动罱网竿的时候，妇女就得用力撑住篙子，让船只保持相对稳定；有的双脚前后站在船艄上，右手握稳摇橹，或推艄，或扳艄，左手拽住麻丝橹绷，趁势扭动身躯，控制船只平稳。

当淤泥满舱的时候，男的收起罱网，洗净后放置橹后，来到船艄摇船，女的就配合着扭绷。当河泥运送到预定的岸边，大家再一勺一勺地把河泥从船舱舀出来，卸向预定的田间地头。

罱泥，是一年四季都要做的农活，只要完成了抢种抢收的农事，勤劳的农民就会把积肥放在首位。“人靠饭饱，田靠肥料。肥料勿好，产量难保。”把河床上沉积的淤泥罱上来，不仅积到了肥料，又清理了河道，改善了水质。因此，无论是烈日炎炎的夏天，还是冰天雪地的冬天，农民们都要摇船出去罱河泥。大多是在自家附近的河浜溇潭里罱泥，也有到集镇，甚至苏州、上海城市的河道里去罱泥的。城镇河道里罱到的淤泥，肥效更好，但由于路途遥远，去得不多。

罱泥船上的妇女，绝对是亮丽的风景。头上梳理着精光滴滑的鬏鬏头，扎着黑顶白角的包头，上身穿着异色相映的拼接衫，下身穿着拼裆裤，裤管下的小腿上绑着一副青布绲边的卷髈，纤细的腰间紧束着一条白布绲边的淡士林布褶裙，随着罱网的下撑、起水、卸泥……船只微微晃动，妇女时摇时停，风姿绰约。

第二节　吴东妇女传统服饰与稻作农业

一粒稻米从哪里来的？苏州甪直水乡妇女服饰为什么会发展成这样的款式特征？了解了水稻的传统种植方法，了解了吴地稻作农业生产的艰辛过程，也许能领会苏州甪直水乡妇女服饰形成的渊源，以及它成为我们中华民族优秀文化遗产的意义。

俗话说“一粒稻子七粒汗”，我们饭碗中的每一粒稻米，都是用农民辛勤劳动流下的无数颗汗珠子换来的。如今，随着农业现代化步伐的不断加快，更多年轻人根本不了解水稻的传统种植过程，更无法真切体会到

“谁知盘中餐，粒粒皆辛苦”隐含的道理，也很难理解苏州甪直水乡妇女服饰的由来。

我们国家是一个统一的多民族国家，其中汉族是约占全国人口总数90%以上的主体民族。长期以来，大家对汉族传统的东西反而不是很了解，都认为随着中华文明上下5000年的发展，汉族和多民族的文化好像都融合了，就缺乏对自己汉民族的特色的了解。讲到服饰，在我国56个民族中，少数民族的服饰文化是非常辉煌的，如大家都熟悉的彝族、苗族、维吾尔族、蒙古族等。每一个少数民族都有自己的特色，自己的民俗，自己的文化。提起汉族的古代服饰，不管是博物馆珍藏着的出土的服饰文物，还是传世艺术作品中描绘的服饰形象，基本上是处于社会上层的达官贵人、富贵骄

麦浪从中一点红 ©陈彩娥

人穿着的服饰。

但是，汉民族中最广大劳动人民世世代代穿什么服饰呢？长期以来这个问题困扰着众多研究者。魏采苹曾自豪地说，苏州角直水乡妇女服饰回答了这个问题。当年魏采苹一行来到吴东地区的角直、胜浦以后，发现了这里的劳动妇女穿着非常有特色，就沉下心来做了深入细致的调查、研究，形成了内容丰富、全面系统、客观真实的调查报告，认为苏州角直水乡妇女服饰在汉民族劳动人民服饰中确实具有典型性和代表性。这一结论，可以说填补了当时这一研究领域的空白。

江南吴东地区，历来是富裕的鱼米之乡。这里湖潭星罗棋布，江河交叉纵横，密布的水网和陈旧的礼仪观念阻碍了劳动妇女的出行。这相对封闭的环境，反而使历代劳动人民在长期从事稻作农业生产中，形成的包括服饰在内特色鲜明的民俗文化得到有效传承。老百姓的东西是很容易灭失的，既没有史书记载，又没有考古发现。就算发掘到了老百姓的墓葬，由于墓室极其简陋，服饰之类的物件也早已烂光了。所以，苏州甪直水乡妇女服饰成为活态化石，意义非凡，弥足珍贵。

苏州甪直水乡妇女服饰凝结着吴东地区劳动人民的智慧和创造。它是几千年来，一代代劳动人民在最基层的水乡农村地区从事稻作生产劳动过程中，不断地累积下来的民俗文化。

按照常理，从古到今凡事都注重“面子”，追求门面漂亮，然而，苏州甪直水乡妇女服饰上漂亮的装饰却不在前面，都在背后。先看妇女们头上，正面非常朴素，从不涂脂抹粉，而梳在脑后的鬏鬏头，头把、正把、勒心、转弯心都是用鲜艳的彩色绒线绕成的，并且还要在鬏鬏头上插着玉质或银质的簪、笄，以及各种鲜花或绢花。包头靓丽的部位也在后面，接角色彩鲜艳，加上精致的绲边和流苏，把后脑勺装扮得花枝招展。再看后

角直水乡妇女走在希望的田野上
© 周民森

背，最吸引眼球的是绣工精细、色彩斑斓的板腰，还有襡腰带从后背绾结后垂挂下来的彩色流苏，与襡裙的腰带叠在一起，随风飘荡，煞是好看。

妇女们为什么要如此用心装扮背面？原因也正来自稻作生产，来自水乡生活。在稻作农业时代，妇女们大量的时间都要下田劳动，而她们所从事的许多稻作生产农活都要面朝黄土背朝天。她们把最精美的服饰安排在后头，自己看不到，也不必看，更没有时间自我欣赏。她们是给别人看的，美化了自己的同时更想把美传递给别人。每当在劳作过程中稍作休息的时候，妇女们常常站立在田间地头，互相观赏着周边姐妹的美丽服饰。她们利用每一个时机交流美、吸收美、创造美。所以，妇女们美丽的背影，是她们打开心灵的一扇窗户，向人展示着自己过人的聪慧、出众的身姿。闭门推出窗前月，投石冲开水中天。年轻姑娘们也是通过巧缝妙绣，装扮自己，来吸引劳动中的那些小伙子们。这是真实的水乡农耕生活场景，这也是苏州角直水乡妇女服饰鲜明特征得以传承的渊源之一。

苏州角直水乡妇女服饰，无论是匣头、包头，还是拼接衫、拼裆裤、绣花鞋，抑或是襡裙、襡腰、板腰、卷髈，都与吴东地区稻作农业生产有着密切的关联。可以说，每一种服饰的功能都是源于稻作农业生产劳动。农妇们在参与的稻作生产劳动中，亲身感受到服饰的实用价值，以及对身体的保护功效。她们结合服饰造型、图案设计、色彩搭配、布料选择等要素，采用独特工艺来缝制服饰，满足生产劳动的需要，表达对美好生活的向往。

吴东地区妇女穿着传统的服饰，展现着千百年流传下来的风姿神韵，构成了苏州最亮丽的一道风景线，这也让角直古镇成为人们向往的梦里水乡。

吴东地区，素有“水乡泽国”的美称。境内江河浦泾纵横交错，湖荡溇潭星罗棋布……丰富的水系孕育了角直水乡的特色和富饶。人们在生产生活中，时常受到水生动植物的侵害，于是人们将衣袖口和裤脚口制作得很小，只能勉强穿进去，防止水生动植物伤害手臂和腿脚。吴东地区妇女在插秧、耘稻、收割等时候，常常要脚踩泥浆，手沾泥水，弯腰曲背，低头沉肩，面朝黄土背朝天。襡裙、襡腰、包头等服饰的应运而生，为妇女们解除了因此而带来的麻烦。

鬏鬏头的梳理，把所有头发归拢后置于脑后，便于妇女在田间劳作。从水稻栽种过程来看，许多生产环节的农活，都由妇女们俯身弯腰来完成。梳理了鬏鬏头，就避免了因头发蓬松垂挂而影响生产生活。

鬏鬏头上的饰物，除了显示她们的美丽外，还有实用的功能。各色花钎都是银质制品，民间流传能避毒压邪。花钎的头又细又尖，妇女们会用它把劳作时手心里磨出的水泡挑穿。因为水泡一旦磨破，皮肤就容易腐烂。要是手脚不小心戳上了竹篾之类的刺，也能用银钎来挑。香匙形似一把小汤勺，如果身上生了疮疖要敷药，就可用银香匙来取药物敷上。银挖耳可以用来掏耳朵，银梳子可以帮助梳理头发……可以说妇女的鬏鬏头就是一个工具包，发髻上一件件银饰物，就是一把把工具，在生产和生活中随时能用。

匝头，不仅管住了额前及两鬓的头发，更有效挡住了风寒袭击。特别是老年妇女的匝头，它又宽又厚（有的夹棉花）的原因就在这里。

包头，相当于帽子，有遮阳防晒、挡风防寒、保洁防尘等作用。妇女们弯腰劳作时，包头不但能够保护头发不披散下来，包头角还能遮挡炎日对颈部的直射。在田间收获，或者是在场头脱粒、扬尘的时候，柴屑飞扬，包头就起到了防尘保洁的作用。在水稻栽种、耘耥过程中，水田里的蚊子、蠓虫特别多，它们不仅会叮咬人们裸露在外面的皮肤，还会钻到头发根里和耳朵里，包头就有效地遮挡了蚊虫的叮袭。

拼接衫的拼接部位，都是妇女们在稻作生产过程中经常被汗水浸蚀，受肢体或劳动工具摩擦后，出现破损的地方，反映了该服饰在稻作生产时期的实用价值。拼接衫的由来，反映了“新三年、旧三年，缝缝补补又三年”的艰苦朴素美德。拼接衫的布料呈现的不同颜色，犹如农耕时代不同季节呈现的不同自然景色，反映了吴东地区妇女审美观念的发展变化。

农妇们在弯腰劳作时，由于褟裙束住了上衣，就避免了因衣服下垂而裸露胸脯的尴尬。农村有句俗话：“官急，不及尿急。”撒尿拉屎都是正常的生理现象，谁能憋得住、熬得下！农忙季节的田野里到处是人，有女的，有男的。历代男人方便都很随意，尤其在田野里。不过，吴东地区的农妇们，腰间的褟裙就是她们随身携带的“流动厕所”。她们只要选择正前方没有旁人，就可以解开裤带，拽开褟裙，蹲下身子，拉掉裤子，方便了事。

吴东水乡地区的妇女们，就是在这样漫长的岁月里，因地制宜，顺应当地自然条件的变化、生产生活的需求、民情风俗的习惯，让自身穿着的服饰不断地发展演变，成为今天既有江南农村妇女服饰的共性，又有苏州甪直水乡妇女服饰个性的汉民族服饰中的一朵奇葩。

第六章 考古溯源

苏州甪直水乡妇女服饰，是我国汉民族劳动人民服饰的优秀代表。千百年来，它主要分布在吴东地区以甪直西隅的席墟浦与吴淞江交汇点为中心的360平方千米的广袤乡村。改革开放前，甪直及周边的车坊、斜塘、胜浦、唯亭等乡镇的农村妇女们日常穿着的传统服饰基本相似。除此之外的吴地乡村，离中心区域越远，妇女们的穿着就越没有该传统妇女服饰的那种风姿神韵了。

那么，苏州甪直水乡妇女服饰是从什么时候发展形成的？为什么只在吴东地区不足400平方千米的乡村流传？在与众多专家的交流中，大家都无法下定论，普遍认为苏州甪直水乡妇女服饰是稻作农业经济的产物，是随着水稻及其他水生农作物的种植而逐步产生、发展而来的。

其实，我国服饰文化的历史渊源，古书典籍中早已留下了种种传说。沈从文先生在《中国古代服饰研究》一书中也有详尽记述，他认为有关服饰产生的传说大都以战国时人所撰《吕览》和《世本》的记述最为通行。如果从出土文物方面加以考证，现代考古学和古人类学的成就，已经把服饰文化的源流科学地向上追溯到原始社会旧石器时代的晚期。

荷塘人家
© 周民森

幸运的是，时至今日，已经有考古资料证明吴地太湖流域先民早在约5000年前就饲养家蚕，取丝织绢。吴东甪直澄湖地区多次考古发掘证明了该地区先民种植水稻的历史至少有五六千年。吴东地区的草鞋山遗址出土了一块花葛布，证明早在四五千年前，人们已经能采制植物葛、麻的纤维，编织成布，缝制衣服。这些考古成果也为了解苏州甪直水乡妇女服饰的发展历史提供了可靠依据。

第一节　澄湖的两次发掘，见证吴地的悠久历史

苏州吴中的历史，源远流长。早在远古时代，这里已经出现了文明的曙光。1985年，考古专家发掘了位于吴中的太湖三山岛遗址，发现了大量的旧石器及哺乳动物化石，这也是长江下游罕见的旧石器时代文化遗址，证明长江下游特别是太湖流域，早在一万年前就有人类活动，并在这里繁衍生息。

2019 年 7 月 6 日，浙江省杭州市余杭区良渚古城遗址在第 43 届世界遗产大会上获准列入世界遗产名录。专家表示，良渚古城遗址将中国新石器时代这一远远被低估的时代清晰地展现在世人面前，诉说着来自约 5000 年前的文明，这不止改写了中国历史，也改写了世界历史。

国际权威考古学家认为，良渚古城遗址在工程的规模、设计与建造技术方面展现出世界同期罕见的科学水平，展现了约 5000 年前稻作文明的极高成就，是人类文明发展史上早期城市文明的杰出范例。良渚文化的文明程度已完全可以和古埃及文明相媲美，为中华文明史提供了最完整、最重要的考古学物证。

苏州市考古研究所前所长张照根认为，良渚文化是中华文明的主根系，是在碰撞、交流、融合中发展的。它的早期中心就在苏州。张照根参与了角直的澄湖、园区的独

摇城遗址
© 周民森

墅湖等大块区域的考古发掘，他认为甪直澄湖古文化遗址应该是良渚文化早期的都城，其规模与杭州良渚古城遗址相当，功能、布局也非常类似。

甪直地区历来是吴地著名的鱼米之乡。据甪直地区史前出土文物考证，在6000年前这里就有先民聚居。

甪直古镇，古称“甫里”。相传吴王阖闾（？—前496）建离宫于本境西南隅，吴王夫差（？—前473）建梧桐园于镇北隅，中间是一个一里见方的村落，故得名“甫里”。

甪直，地处苏州古城东隅18千米。商末属勾吴国。周时，境内先后成为吴、越、楚三诸侯国辖地。秦设吴县后，境内隶属吴县管辖。唐初之后，吴县地域数度分合，甪直先后归属长洲县、元和县、吴县管辖。

甪直古镇，形成于唐代。明、清时更为繁华，曾名甫里、六直、甪直等，是吴县重镇之一，为历代基层政权治所。1949年中华人民共和国建立后，建立淞南区人民政府，下辖淞南、甫里、楚伧、陈墓四乡。是年冬，改建新乡，淞南区下辖12个乡。1950年3月，区乡调整，淞南区改名角直区，下辖角直、陈墓、周庄三镇及青云、板桥等11个乡，共78个行政村735个行政组。1952年9月，吴县与昆山县部分地区区划调整，陈墓、周庄两镇及其所辖6个乡划入昆山县，原昆山县南港乡的集镇部分，即东美桥以东的上下塘街划归角直镇。角直区辖角直镇（1—13街）以及青云、板桥、湖北、湖东、张林等5个乡47个行政村。

1954年，境域内区镇分开，角直镇为吴县直属镇，淞南区辖境内农村5个乡。1957年3月，撤区并乡，成立吴县淞南乡，下辖34个行政村，乡政府驻地角直镇。1958年10月，乡镇合并建立人民公社。淞南乡与角直镇合并成立淞南人民公社。1961年10月，角直镇恢复县属镇，淞南人民公社辖32个生产大队324个生产小队。1969年3月，角直镇并入淞南人民公社，成立吴县淞南人民公社革命委员会，辖1个市镇街道办事处（含正阳、中和、建新、南汇4个居委会）和北港、云龙、西横、溇里、大厍、地园、张巷、清港、陶浜、红旗（巫角）、西潭、蒋浦、凌港、板桥、东关、跃进（秀篁）、公田、郭巷、陶巷、陆巷、碛砂、西庄、张林、西塘、凌塘、庆丰、田东、光辉、南桥、黄桥（黄溇）、南场、渔业等生产大队（320个生产小队）。1980年，淞南人民公社更名角直人民公社。1983年，撤角直人民公社建角直乡，恢复乡、村、组。1985年10月，撤角直乡建角直镇，改设镇、村、组。

吴县是春秋吴国的中心，汉初别称“吴中”，后来的苏州（包括城外更大区域）也别称“吴中”。千百年来吴县的治所几乎都设在苏州郡城内，1949年4月27日，吴县解放，市、县分设，析城区和郊区置苏州市，周围乡镇为吴县。2001年行政区划调整，分吴县（市）设吴中区和相城区。从此，流芳千古的“吴中”，正式成为地名。角直镇隶属吴中区。

角直是典型的水乡泽国，境内江河沟浜密布，湖泊潭溇众多。它因地处“五湖之汀、六泽之冲”而得名六泽、六直等，后称作“角直”（“六”与“角”，在吴方言中为谐音）。在众多江河中，最古老的吴淞江沿着境域北岸向东蜿蜒流淌，川流不息，汇入大海；在众多的湖泊中，最神秘的澄湖在境域南隅随波逐浪，吞没田地，扩大湖面。滔滔的江湖之水，千百年来滋润着角直的万顷沃土，浇灌着角直的远古文明之花。

中华人民共和国成立后，不断加强农村水利建设工作，用多种方式加

粉画《甪直晨韵》
© 周民森

澄湖出土文物

© 甪直历史文物馆

固澄湖堤岸，确保粮田不受湖水吞没。澄湖水面南北最大长度 9.5 千米，东西最大宽度 8.2 千米，水域面积约 78 平方千米。澄湖东南沿线为昆山市锦溪、周庄两镇，西南角为吴江区同里镇，东北西三面呈 U 状沿线，为吴中区甪直镇（其中，西线原属车坊镇）。

澄湖遗址通过 1974 年、2003 年两次带有偶然性的发掘，发现了大量的古文化遗存。据考证，在 5500 年前，甪直地区的先民已经在这里繁衍生息，因此，生活在澄湖周边的百姓越来越敬重这片水域。

澄湖，古代叫“陈湖”或“沉湖”。也许“澄”字的读音与“陈”或“沉”相近，所以在中华人民共和国成立之后，大家将这一水域名称定为“澄湖”。据民国《吴县志·舆地考水》记载：“陈湖，在城东三十五

2003年，因围湖清淤，再次发现并发掘澄湖古文化遗址
© 周民森

里，一名沉湖，相传邑聚所陷”。《吴郡甫里志》有这样的记载：“陈湖，相传旧本陈州，沉为湖。迄今湖水清浅时，底有街井，上马石等物，舟人往往见之。”《太平广记》也有记载：“此为陈县……当水涸时，其中街衢、井灶历历可辨，余如上马石、墓道、田亩、界石不胜枚举，且有拾得铜锣、铁链及器皿什物者……其为沉也无疑矣。”

其实，陈州、陈县之说，不仅史书有记载，澄湖地区的老百姓有口皆碑。当地老人经常向孩子们讲述关于澄湖“地陷成湖”的神秘传说，并有“陈州城沉，苏州城余”的民谣。今天，澄湖周边的自然村名瑶盛（摇城）、大姚（大饶）、澄墩（沉墩）……似乎还在讲述着澄湖的故事。

这些自然村，坐落在澄湖西岸，原隶属车坊乡管辖。原车坊乡共辖175个自然村，分设朝前、前荡、塘浜、东湾、江田、前港、湖浜、三姑、马塔、澄墩、大姚、长巨、三合、光丰、沙塔、赞头、仁德、瑶盛、鄂田、旺浜、华云、李家、金园、北高、大仓、横港、道浜、官浦、马巷、夏浜、通桥、蛟龙、新渔等行政村（其中1959—1983年，行政村改称“生产大队”）。1969年，这33个生产大队分为7个片，分别改名如下：

“向”字片有向阳、向前、向东、向丰、向红以及建设等6个生产大队；“长”字片有长征、长丰、长江等3个生产大队；“东”字片有东方、东升、东风、东华等4个生产大队；“光”字片有光丰、光红、光荣、光华、光明等5个生产大队；“新”字片有新联、新农、新丰、新民等4个生产大队；“红”字片有红星、红光、红丰、红旗、红卫等5个生产大队；“建”字片有建国、建华、建新、建兴、建民以及新渔等6个生产大队。

20世纪70年代初，车坊人民公社为了“向澄湖要粮”，分别把马塔湾、大姚后湾和前湾从澄湖里筑起三道大坝，围成3个各有四五平方千米的湖泊。1974年，后湾湖水抽干后，澄湖底发现大批井坑，谣传还有陈州城留下的街道，吸引了周边闻讯赶来的男女老少。附近农民都拿着劳动工具在裸露的湖床上找井坑，挖淤泥，淘文物。

吴县文化部门邀请南京博物院对澄湖遗址进行了抢救性发掘。专家们在澄湖倾心工作了8个月，完成了吴县有史以来最大规模的古文化遗址考古发掘。据统计，南京博物院与吴县文化馆

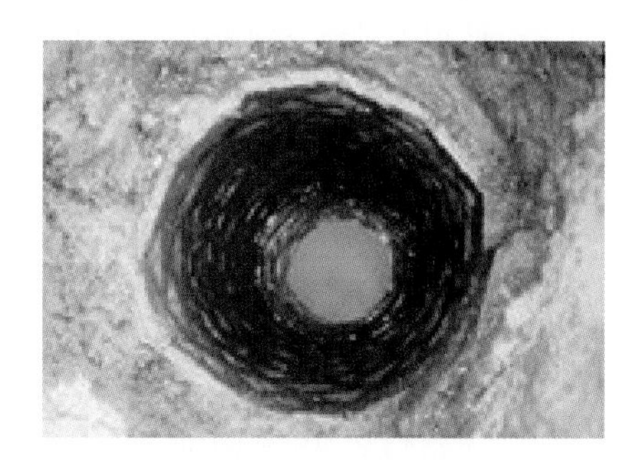

澄湖遗址古井

© 甪直历史文物馆

当年在澄湖遗址的考古发掘，共清理古井 150 口，出土各类器物 1200 余件。根据出土器物的形制特征，专家们认为这些器物分别属于新石器时代的崧泽文化、良渚文化、马桥文化，西周及汉至宋各个时期。这次发掘更为重大的意义在于考证了春秋时期越王摇城遗址的具体所在，正是今日的澄湖遗址。1986 年，澄湖摇城遗址被列为吴县文物保护单位。

澄湖遗址首次发掘结束后，吴县文化部门在甪直保圣寺天王殿布置了“澄湖出土文物展览”，1975 年元旦正式开放。这不仅丰富了保圣寺的文物展陈内容，还扩大了吴县甪直历史文化的影响。

第二次发掘澄湖遗址是在 2003 年，苏州水利部门把甪直镇郭巷、陶巷、碛砂等村沿线约 10 平方千米澄湖水域围湖筑坝，以“清淤”的名义为修筑苏州绕城高速提供土方。

澄湖的“清淤工程”，竟然又一次让当代人偶遇了澄湖古文化遗址。在第二次澄湖遗址发掘过程中，苏州博物馆和吴中区文管办联合进行了发掘。经过 2 个多月的工作，发现了大量的水井、灰坑，并出土了各类文物近 500 件。有崧泽文化时期的彩绘陶瓶、黑皮陶壶，良渚文化时期的提梁壶，西周时期的陶尊，东周时期的铜削等珍贵文物。

澄湖遗址是目前太湖流域发现古井最多的遗址之一。这些古井形状多样，年代久远，最早的井距今 5500 年左右，是良渚文化时期的土井，还有战国时期的土井，汉代的陶圈井、六朝时期陶圈与砖相叠加的结合形古井，还有大量的六角形砖井、七角形砖井、十一角形砖井。

在第二次澄湖遗址考古发掘中，发现了距今 5500 年的原始村落，其中的居住区、作业区等功能性区域清晰可见。特别是在作业区内，首次发现了崧泽文化时期

的水稻田。这些稻田及与其相配套的池塘、水沟、水口等农用排灌系统的出现，证明了这一时期的人类种植水稻技术较马家浜文化时期更进了一步，这对研究长江下游地区水稻种植技术的发展、演变进化史有着深远的意义。此外，大量水井、灰坑聚集在一起，再次说明在距今5500年前的澄湖及席墟浦周边的环境就非常适合人类居住，先民在此生产生活，繁衍生息。

据丁金龙、张铁军《澄湖遗址发现崧泽时期水稻田》介绍，2003年9月下旬，因苏沪高速公路建设用土需要，苏州市吴中区水利局在澄湖东北围湖约10平方千米，供高速公路取土。湖水抽干后，沿岸湖底发现大批古文化遗迹。苏州博物馆与吴中区文管办联合组成考察队，通过2个多月的考古调查与发掘，共清理出各类遗迹871处。有灰坑443个，水井402口，水田遗迹20块，房址3座，水沟3条。其中崧泽文化时期的水田遗迹是首次被发现，数量多达20块。在调查中首先发现池塘，然后在清理池塘的过程中水田逐一被揭示出来。池塘东西长23米，南北宽17米，其东部内收

水稻田遗址

© 甪直历史文物馆

形成一个宽10米左右的口子。揭露的池塘面积合计为425平方米。水田分布在池塘的西、北两岸，有高田与低田之分。在池塘的两端为低田，一共有5块，另有1条水沟、1口水井。水井为水田的蓄水坑，池塘及水沟为水田的排灌系统，而水田之间另有水口。水路相贯通，使水田之间水可流通。水田内的泥土经江苏省农业科学院（简称“江苏省农科院”）化验检测，皆发现有水稻植物蛋白质，说明这是种植水稻的土，还淘洗发现了炭化米粒。此外，田土内伴生杂草数量极少，说明有人工管理的可能。在水稻田内出土木炭，经北京大学考古文博学院碳14年代测试，距今4600年（误差110年），树轮校正后年代为公元前3520—3260年（68.2%）。原判断水田年代为崧泽文化晚期，现碳14测定数据与原判断的年代基本一致。（《中国文化遗产》2004年第1期）

结合澄湖遗址第一次发掘考古成果，我们可以推断：春秋时，吴王子受封于此，并在甪直（时称“甫里”）周边修筑行宫、梧桐院。吴国灭亡之后，这片城邑成为越王摇的封地。《越绝书·吴地传》中有载：“摇城者，吴王子居焉，后越摇王居之。”到宋代，繁华的摇城，由于河道泛滥，洼地积水，淹成湖泊。世代生活在摇城内外的各界人士纷纷向甫里（甪直）及席墟浦与吴淞江交汇处迁移，加速繁

炭化稻穗
© 甪直历史文物馆

荣壮大了角直古镇，形成了以席墟浦与吴淞江交汇处为中心的“苏州甪直水乡妇女服饰”民俗文化圈。

澄湖遗址的两次考古发掘及多学科合作成果，也对研究澄湖地区的人类活动及历史变迁提供了极为珍贵的实物资料。其中在澄湖遗址发掘出来带有中原文化元素的仿铜陶器，与古文献中关于“禹致群神于会稽之山”和《禹贡》中关于大禹治水到太湖的记载相印证，说明当时澄湖地区已与中原发生日益频繁的联系，吸收了中原夏、商文化的许多因素，从而形成了既区别于典型良渚文化，又不同于中原夏、商文化的吴地特色文化。这恰恰又提示我们，苏州甪直水乡妇女服饰的形成，有可能与民族迁徙的历史相关。

2004 年 1 月，澄湖遗址出土文物在保圣寺东区改建的甪直历史文物馆展出。2010 年 5 月，甪直历史文物馆移至新建成的江南文化园。2023 年底，馆内所有藏品全部移交给吴文化博物馆。

第二节　张陵山和草鞋山考古追溯吴东服饰源头

苏州甪直水乡妇女服饰究竟从哪里来？为什么只在席墟浦与吴淞江交汇的周边乡村流传？为什么会形成如此鲜明的不同于其他地区汉民族劳动人民服饰的特色？多少年来，我们一直试图寻觅它的源头，找出令人信服的答案。

《中国古代服饰研究》是沈从文先生坚守本职，三十年如一日从事文物研究的重大成果。他对经手过眼的数以千计的馆藏文物和新发现文物中的实物、图像、壁画、墓俑等资料，潜心研究，将一件件珍贵文物，按年代排序，绘制图像，旁征博引，以札记形式，考证、记录、梳理出不同体例的说明，从而对中国古代服饰制度的沿革与当时社会环境的关系，作了广泛深入的探讨。《中国古代服饰研究》内容涉及自殷商至清朝，对三四千年间各个朝代的服饰问题进行了钩隐抉微的研究和探讨，全书计有图像 700 多幅，25 万字。该书所叙是服饰，但又不仅以服饰论之。从服饰

张陵山遗址
© 周民森

张陵山遗址
© 周民森

这个载体，窥见中国历朝历代的政治、军事、经济、文化、民俗、哲学、伦理等诸多风云变迁之轨迹。该书在学术界享有崇高的声誉，至今被认为是我国古代服饰领域内的经典著作。

苏州甪直水乡妇女服饰只是江南吴地东部，位于席墟浦与吴淞江交汇的金三角区域的汉民族劳动人民的服饰。1976 年沈从文去苏州陈墓拜访儿女亲家，途经甪直，沿路看到水乡妇女穿着这种颇具特色的服饰，颇感兴趣，还让孙女沈红去找一身旧服饰来，便于研究。沈从文先生的研究表明，我国服饰文化的历史源流，古书典籍中早已留下种种的传说。典故“胡曹作衣”说的是黄帝的臣子胡曹，最早发明了衣服，还发明了帽子。《淮南子》记载：“伯余之初作衣也，緂麻索缕，手经指挂，其成犹网罗。后世为之机杼胜复，以便其用，而民得以掩形御寒。”书中称我国历史上第一个造衣人是黄帝的臣子伯余。传说终究是传说，不过它们反映的原始纺织技术发明之前曾有一个手编织物做衣服的阶段，沈从文先生认为是可信的，也是重要的。从我国考古发掘的如西安半坡、浙江河姆渡、苏州草鞋山等新石器时代遗址出土的遗物，已经证实在五六千年前先民能广泛应用种种天然材料，手工编织，同时也出现了原始纺织手工业。

提起发明衣服，有人就会想当然地与纺织技术联系起来，似乎先民们第一件衣服照规矩必定是麻布做的，不过那些麻布是“手经指挂”编织而成，十分粗疏罢了。其实，历史发展到能够生产出专供做服饰的材料——植物纤维的纺织品的时候，以兽皮为基本材料的原始衣饰早已自成规模，有的甚至定型化。因此，沈从文先生认为，先民能运用人工技术生产出纺织物材料，去加工新形制的衣服，这个阶段和所谓“初作衣”之时，相距已有几千、几万年之久。

如果从出土文物方面加以考证，现代考古学和古人类学的成就，已经把服饰文化的源流科学地向上追溯到原始社会旧石器时代的晚期。这时原始人跨入新人阶段，石制工具已经定型化、小型化，还能打出锋利的石片石器。不少遗址还发现了磨制骨器和大量的装饰品，表明当时已经掌握了磨光和钻孔技术。在发现的劳动工具中，和服饰密切关联的遗物是磨制的骨针。各处的新石器时代墓葬中，都发现了纺织工具，说明该时期的原始手工业和纺织工艺都得到了极大的发展，自然界的东西不仅被广泛利用，还不断为人们加工改造或再生产出来。苏州草鞋山遗址发现的3块距今6000年前的织物残片，虽然实物已经炭化呈暗黑色，但结构依然保存得十分清晰。其中一件或许是以手工编织而成的罗纹织物。经鉴定，该织物是用豆科藤本植物葛的韧皮纤维所织成的。沈从文先生根据这一重要发现，再把在时代相近的半坡遗址中发现的种种编织品印痕拿来相印证，他觉得葛、麻等手编织物在机织技术出现之前早已为人们所穿用，它的精美复杂程度就连现代人也感到惊讶。

张陵山遗址位于甪直古镇西南近2千米处，原有东、西两座山，相距约100米，当地人分别称作“东山”“西山”，总面积约6000平方米。说是山，其实就是两个海拔30来米的土墩而已。这样的土墩在平原水网地区已属少见，因此，当地农民把它称为“山”。山北边的阖塘桥上，有“鹰齿远吞三迎白，龙门高锁两峰青”的桥联，对两陵形胜，作了恰如其分的描绘。

张陵山虽说是土墩，但在新中国成立之前的几千年漫长岁月里，它是

◎ 风车 马觐伯

甪直地区最高的地方。所以，在过去这里就成了人们登高望远的唯一处所。春三四月，人们或者驾着船，或者徒步，成群结队地来到这里，踏青，赏花。西山前边的平地上有一个大戏台，农历四月初一、初二两天，人们在这里演戏酬神，四邻八乡的人都来看戏。大家在山坡上看戏，或坐或立，村里人更是杀猪宰鸡烧煮“留戏饭”来招待客人，其乐融融。所以，形成了“张陵山看戏——老少和气”的家喻户晓的歇后语。

关于张陵山名称的由来，自古以来有两种说法，因而“张陵”两字也有两种不同的书写。一种说法是西山有土地庙，相传土地老爷就是晋朝时的张林，所以民间

人力牵车
© 马觐伯

写成“张林山”；另一种说法是这里是吴郡名门张镇家族的墓地，故名“张陵山”。

1956 年，江苏省文管会开展第一次文物普查时发现张陵山为古遗址。1957 年，张陵山遗址被列为江苏省文物保护单位。

1975 年，淞南人民公社在张陵山附近建造了一座 24 个窑门轮番烧制的砖瓦厂，也是淞南人民公社兴办的第一家砖瓦厂，人们习称“一砖厂”。在一砖厂工作的农民开始在张陵西山西坡取土，再运送到制坯工地。当年，一砖厂已经改变了传统人工制坯工艺，引进了半机械化的制坯流水线，机械化轧坯产量高，能源源不断地满足轮窑烧制。一砖厂领导看到制坯用土量大，在向张陵山西山取土的同时，还向地下取土，挖地成湖。不到一年工夫，一砖厂的农民工逐步向张陵山西山“挺进”，在取土过程中

烧砖瓦的土窑
© 马觐伯

居然陆续挖掘出了玉镯、玉瑗、玉管、穿孔玉斧、石斧、石锛，还有不少陶器。消息传出，立即引起甪直镇保圣寺文保所、吴县文管会的关注。

在吴县文管会的积极配合下，南京博物院考古队于1977年5月来到取土现场，进行抢救性发掘考古。在首次抢救性发掘过程中，清理出崧泽文化墓葬6座，早期良渚文化墓葬5座。1979年9月，进行了二次发掘，清理新石器时代墓葬11座，东晋砖室墓葬5座，出土文物200余件。20世纪80年代初，砖瓦厂取土工程不断向东“挺进”，挖掘到了张陵山东山脚下。1982年春，东山山体被挖，形成了2米多高的断崖。5月，农民工在取土过程中发掘到了璧、琮等成组玉器。消息传出，甪直镇保圣寺文保所会同南京博物院进行了实地调查、文物征集。1982年8月和1984年6月先后进行了多次清理性发掘，开探方6个，清理了不同时期的墓葬4座，考古发掘和有奖征集到各类文物30余件，还有一些陶片。

1986年，张陵山只剩半个东山，吴县人民政府发文公布张陵山遗址为吴县文物保护单位，责令一砖厂立即停止在陵上取土。

至此，经过长达10年的抢救性考古，张陵山遗址发掘出了大量的珍贵文物，经专家研究发现，有生产工具的穿孔玉斧、双孔玉斧、有肩穿孔玉斧、石锛等，有玉制装饰品的镯、璜、环、琮、管、坠、珠、蝉、瑗、角、垂幛佩玉等，还有的是鼎、圈足盘、匜、杯、罐、瓮等生活陶器。再从张陵山的地层堆积、墓葬等方面的考古研究发现，早在5500年前的新石器时代，祖先们就在这里劳动、生息、繁衍，创造了灿烂的文化，并且掌握了相当高超的手工艺，能制作使用磨凿的石器，结网渔猎，耕种水稻，纺纱织布，还能制作陶器、玉器等。

张陵山遗址的文化层堆积，自下而上依次是崧泽文化、良渚文化、以几何印纹陶和原始青瓷器为特征的吴文化。在下层发现墓葬6座，除骨殖腐朽不辨者外，均为单人葬，随葬品3至31件不等。随葬品最多的那座墓中还有5件大陶缸与1件大陶瓮，这可能是当时人们为死者准备粮食和水的器具，反映出作为主要生活资料的粮食的私有观念开始出现。上层发现新石器时代墓葬5座，这些墓中随葬的大量精美玉器，雕琢精细，光洁度

装运砖坯
© 马觐伯

张陵山出土文物——玉琮
© 吴中区文物管理委员会办公室

高，具有极高的文物价值。

张陵西山发现的古墓中，四号墓为张镇夫妇合葬墓，其碑清楚地刻着：“晋故散骑常侍、建威将军，苍梧、吴二郡太守，奉车都尉，兴道县德侯，吴国吴张镇字羲远之郭夫人，晋始安太守嘉兴徐庸之姊。”“太宁三年，太岁在乙酉，侯年八十薨。世为冠族，仁德隆茂，仕晋元、明，朝野宗重。夫人贞贤，亦时良媛，千世邂逅，有见此者，幸愍焉。”由此可见张陵山为吴郡名门张镇家族的墓地。据碑志和史籍记载，张镇的主要职务是苍梧郡太守和吴郡太守。这也证实了张陵山因张镇（张苍梧）家族陵墓而得名的传说。

张陵山遗址保存着的特色文化，已经被业界命名为“张陵山文化”，或“良渚文化张陵山类型”，确立了它在古代历史研究和文物界的地位。这与工业园区唯亭镇的草鞋山的地层叠压关系基本相同。

草鞋山遗址位于阳澄湖畔，原名“夷陵山”，也称“唯亭山”。该遗址分布在一座像草鞋似的小土墩上，1957 年，江苏省文管会组织文物普查时正式命名为“草鞋山遗址”。

1972 年 10 月，南京博物院在吴县文管会的协助下，对吴县唯亭镇草鞋山遗址进行了第一次发掘，发现了以几何印纹陶为特征的文化和各个不同时期的原始文化依次叠压的地层关系，清理了新石器时代的人类居住遗迹、灰坑 11 个和墓葬 206 座，出土了陶、石、骨、玉等质料的生产工具、生活用具、装饰品等共计 1100 多件。

在草鞋山人类居住遗址，发现了木桩、草绳、用草绳捆扎的草束、芦席、竹席等同房屋有关的遗物。草绳的搓制、席子的编织方法，几乎与现代的完全相同，可见当时房屋的建造已相当进步了。特别是在居住址的范围内发现了 3 块葛（麻）织物的残片，它们的基本织法多为平织，其中一件先用平织法织出平纹，然后用增加一根纬线（成两根纬线）的方法，使经线露出部分比平织部分宽而凸起，用此种方法连织三次，形成三道凸纹，继而再用平织，如此循环成简单的织纹。这是考古专家第一次见到距今五六千年前的葛（麻）织造的实物，这也为探寻甪直水乡妇女服饰形成发展的源头提供了宝贵的证据。

截至 2023 年 5 月，草鞋山遗址先后经历了八九次考古发掘，共发现新石器时期墓葬 243 座，水稻田遗迹 116 块及多处房址，出土各类文物近

玉杖头
© 吴中区文物管理委员会办公室

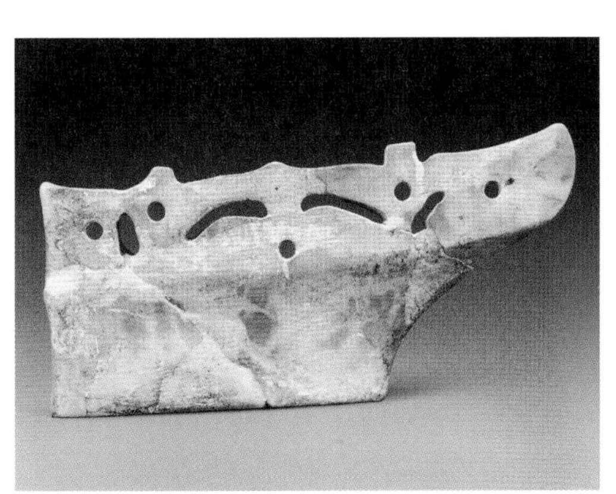

玉镯
© 吴中区文物管理委员会办公室

挖藕图
© 周民森

2000 件。特别是在 1992—1995 年由南京博物院和江苏省农科院等单位对草鞋山进行的第二次考古发掘，发现了马家浜文化时期人工栽培稻遗存以及水稻田人工灌溉系统。

吴东地区的澄湖古文化遗址，张陵山和草鞋山考古遗址，及其出土的大量文物，已经向人们展示了史前完整文化序列，以及江南文化的悠久源头。

纺织业在江南历来兴盛，甪直水乡妇女传统服饰的布料选用有药斑布（蓝印花布）。南宋昆山地方志《玉峰志》中“药斑布……布碧而花白，山水鸟兽楼台士女之形，如碑刻然”，讲述了药斑布之上丰富多元的图像元素。宋元之际，江南地区的药斑布生产极为繁荣，几乎是一片织机遍地、染坊连街、河上布船如织的景象，“瑞鹤鸣祥”“岁寒三友”“梅开五福”“榴开百子”等图案，深受群众喜爱。近代开始，布料品种增多，甪直水乡妇女服饰的布料除了蓝印土布，还有碎花棉布、香云纱等新品种，使得甪直水乡妇女服饰兼具实用和美观的多重功效。

第七章 保护与传承

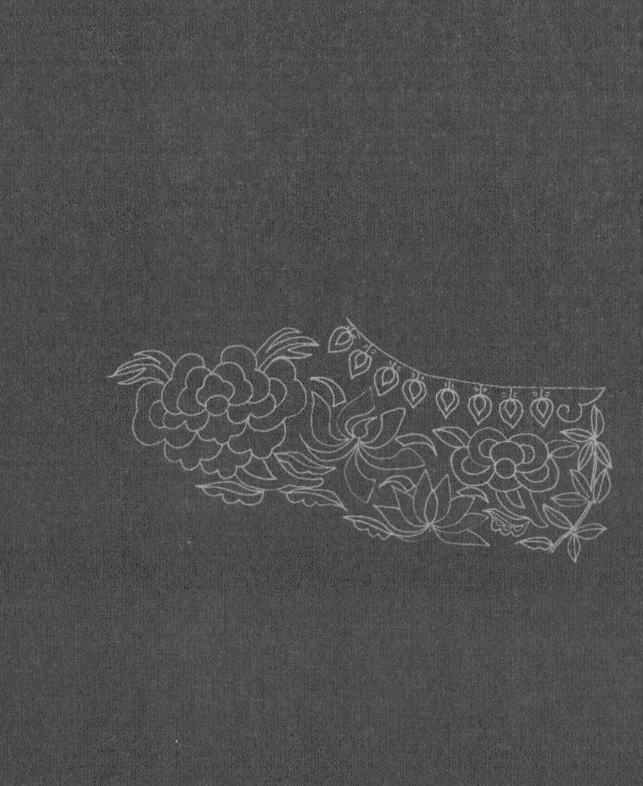

苏州甪直水乡妇女服饰，随着传统农业经济时代的渐行渐远，它的功用性基本消失，再加上江南吴地城市化、现代化的加速推进，保护与传承的任务十分艰巨、繁重。

20 世纪 80 年代初期，南京博物院民族民俗部魏采苹和屠思华等专家深入甪直、胜浦等乡村，调查、研究吴东水乡妇女服饰。吴县文物管理部门因势利导，向当地农民征集传统的妇女服饰。1986 年，在甪直保圣寺天王殿内举办“吴东水乡妇女服饰民俗展览”。从此，该传统服饰受到更多人的关注。1998 年下半年，甪直镇人民政府投入资金，拆除在天王殿内的妇女服饰展，在沈柏寒老宅新建“吴东水乡妇女服饰展”，丰富展陈内容，改进展陈形式。

1998 年 10 月 24 日，由江苏省旅游局、吴县市人民政府、苏州市旅游局主办，吴县市旅游局和甪直镇人民政府承办的首届“中国·苏州甪直水乡妇女服饰文化旅游节”，在甪直古镇牌楼举行。随后，甪直镇不定期以甪直水乡妇女服饰文化为载体，举办文化旅游节，开展甪直镇的文旅宣传活动，促进当地旅游业的蓬勃发展。

梦里水乡·甪直古镇 ©周民森

2004年4月，苏州市被文化部、财政部确定为中国民族民间文化保护工程综合性试点城市，各级政府相继出台了民族民间传统文化保护办法。甪直水乡妇女服饰成为吴中区重点保护的民间文化之一。

2005年上半年，“苏州甪直水乡妇女服饰”被苏州市人民政府批准并公布为第一批苏州市非物质文化遗产代表作，列入保护名录。这是甪直人民的荣耀，也是甪直人民的责任。这年7月，在文化部和江苏省人民政府主办的“中国非物质文化遗产保护·苏州论坛”活动期间，甪直镇文体中心积极组织各村妇女，挑选优秀的业余团队轮流到甪直古镇、苏州演出，参加“中国（苏州）民族民间文化艺术展示周”活动，向世人展示甪直水乡妇女服饰的文化魅力。12月30日，“苏州甪直水乡妇女服饰”被列入首批国家级非物质文化遗产公示名录。2006年5月20日，国务院国发〔2006〕18号文件批准并公布“苏州甪直水乡妇女服饰”为首批国家级非物质文化遗产代表作。

第一节　在活动中加强保护

从申报非物质文化遗产开始，角直镇文体中心就运筹帷幄，在地方党委、政府的关心和支持下，通过组织丰富多彩的群众文体活动，提高人民群众对“苏州角直水乡妇女服饰”的保护意识和传承积极性。

角直地区历史悠久，文化深厚，民间文艺丰富多彩。每逢节日、庙会，妇女们都会成群结队，自娱自乐。2005 年 4 月，角直镇文体中心与镇妇联联合举办角直水乡妇女服饰文化表演赛，要求每支参赛队伍 10 人左右，每位队员必须穿着全套的角直水乡妇女服饰。经全镇各村、社区积极动员，广泛发动，共有 20 多支民间文艺团队报名参加了活动。在保圣寺西侧高高的银杏树下的草坪上，参赛队伍载歌载舞，热闹非凡。有的打连厢，有的挑花篮，有的荡湖船，有的跳起了民间舞蹈……大部分节目没有

音乐伴奏，妇女们都是自演自唱，无论是肢体动作，还是唱词旋律，都是原汁原味原生态的。

从此，苏州甪直水乡妇女服饰文化展演暨甪直连厢舞表演大赛，成为全镇妇女翘首以盼的年度盛事。甪直以水乡妇女服饰文化为载体，加强全镇各挑花篮队、打连厢队等业余团队建设，打造水乡妇女服饰文化特色乡镇。

为了顺应广大人民群众的精神文化需求，甪直镇营造氛围，创设平台，组织群众文化活动，不仅让甪直水乡妇女挑花篮队、打连厢队等民间业余文体团队在每周双休日到旅游景区作民俗文化表演，还鼓励民间业余文体团队北上南下、西进东出，走向全国，真正使苏州甪直水乡妇女服饰的民俗文化表演走遍大江南北。

近 20 年来，甪直镇每年举办苏州甪直水乡妇女服饰文化展演暨甪直连

角直水乡妇女穿着传统服饰打连厢
© 周民森

厢舞表演大赛、送戏回乡、送戏进城、“我们的节日”等活动。不定期举办了中国·苏州角直水乡妇女服饰文化旅游节、苏州角直水乡妇女服饰缝制大赛、苏州角直水乡妇女服饰创意设计大赛、全国连厢舞邀请大赛等，既有“老戏新唱”，也有“新戏老唱”，更有“新戏新唱”。如今，“苏州角直水乡妇女服饰”这首“老歌”唱新唱响，充分展示了它的文化魅力；同时，借助现代新闻媒体，共同打造了“文化角直”知名品牌。

◆ 服饰展示

1986 年，吴县文管会在角直保圣寺天王殿举办“吴东水乡妇女服饰展”，首次用文字、图片、实物等全方位、分门别类地系统介绍了该传统妇女服饰。

1998 年，角直镇在古镇沈柏寒老宅新建“吴东水乡妇女服饰展览”。

水乡人的生活
© 王爱民

是年 10 月，甪直镇举办了首届“中国 · 苏州甪直水乡妇女服饰文化旅游节”，发展甪直古镇文化旅游产业，“吴东水乡妇女服饰展”成为甪直古镇旅游内容之一，得到了很好的展示和传播。

2004 年起，先后编著了《走遍苏州 · 甪直》《走笔古甪直》等书籍，从不同角度记录、介绍了甪直水乡妇女服饰文化。

2005 年 7 月，在文化部和江苏省人民政府主办的“中国非物质文化遗产保护 · 苏州论坛”活动期间，甪直水乡妇女服饰应邀参加了“中国（苏州）民族民间文化艺术展示周”活动。

2006 年，在甪直镇图书馆二楼设立苏州甪直水乡妇女服饰展演中心，组织开展民俗文化活动展演。苏州甪直水乡妇女服饰是我国汉民族劳动人民服饰的杰出代表，在江南吴地民俗文化中占有重要地位，显示出吴地劳动人民的创造才能，闪耀着中华民族古老文明的绚丽光彩。定期展演苏州甪直水乡妇女服饰，对繁荣和发展吴地文化，研究中国传统服饰和民族民间文化都发挥了积极作用。

2009年6月，中央电视台科教节目制作中心专程来到甪直镇，历时一个星期，拍摄苏州甪直水乡妇女服饰。中央电视台科教节目制作中心的编导人员，在参观、考察甪直的历史文化，比较全面了解苏州甪直水乡妇女服饰的基础上，联合摄制组走进农户、走向田头，真实地再现了传统的水稻种植环境，不仅彰显了该服饰的“显”“俏”“巧”等视觉特征，更加生动、客观地介绍了苏州甪直水乡妇女服饰随稻作农业经济时代不断发展、演变而成的漫长历程。节目《水乡丽人》以科教片的形式深入浅出地作详细介绍，片长30分钟，在中央电视台十套播放。

2010年，苏州甪直水乡妇女服饰展演中心移址江南文化园。9月，撤“吴东水乡妇女服饰展”，在江南文化园内设立“甪直水乡妇女服饰博物馆”，不仅展陈相关文字、图片、实物，还运用多媒体手段全方位、分门别类地系统展示。

2012年，甪直水乡妇女服饰展演中心移至江南文化园，并挂牌成立苏州甪直水乡妇女服饰传习所，它集传习、展示、体验于一体，成为苏州甪直水乡服饰保护的新亮点、新阵地。

2018年1月，在甪直古镇二期东市上塘街185-1号，开辟了第二个苏州甪直水乡妇女服饰传习所，它集传习、展示、体验、定购于一体，是开展非遗研学的主阵地。

◆ 活动展演

1998年，在首届“中国·苏州甪直水乡妇女服饰文化旅游节”上，近10支身穿甪直水乡妇女服饰的甪直水乡妇女挑花篮队、打连厢队，行进在主会场外围，备受游客的青睐。

2000年开始，每周末轮流安排各村的业余打连厢队、挑花篮队走进保圣寺院内，妇女们身穿传统服饰，在草地上随时向游客展演甪直民间文艺，丰富古镇文化旅游内容。

2003年，甪直镇文体中心组织全镇民间业余表演团队骨干成员，组成甪直水乡文化艺术团，高标准、高要求地展演甪直水乡妇女服饰，引领全镇业余文艺团队快速成长，健康发展。

2005年，组织开展甪直水乡妇女服饰文化表演大赛，全镇各行政村、社区20多支民间业余队伍热情参演。随后发展成为一年一届的苏州甪直水乡妇女服饰展演暨甪直连厢舞表演大赛。

2006年中央电视台中国民族民间歌舞盛典现场
© 周民森

2006 年 10 月，苏州甪直水乡妇女服饰展演应邀参加中央电视台、中国音乐家协会、中国舞蹈家协会主办的“2006 中国民族民间歌舞盛典”。12 位农村妇女，身穿苏州甪直水乡妇女服饰，手舞连厢，与全国各地各民族的同胞一起在中央电视台一号演播厅登台表演。

2007 年 2 月，苏州甪直水乡妇女的连厢舞表演队到北京，参加“九亿农民的笑声”——全国农民春节联欢晚会。

2007 年 10 月，甪直镇文体中心邀请苏州市音乐家协会主席周友良作曲、苏州市舞蹈家协会主席于丽娟创编的群舞《甪直水乡行》，受邀到南京参加江苏文物节文艺专场演出。该作品以苏州水乡吴歌为背景音乐，加入现代音乐元素和变奏，在特定情趣的场景中，穿插有主题构思的舞蹈语汇及情景小舞蹈。群舞以水乡女孩在河塘边洗涤和戏水开场，凸现了苏州甪直水乡妇女服饰的标志性服饰——包头。加上女孩穿着的肚兜、褐裙等服饰，给人以强烈的视觉冲击。随后，舞蹈以插秧、耘耥、灌溉、收成等农耕场景推进，苏州甪直水乡妇女服饰的不同款式同时得到淋漓尽致的展示。特别是丰收场景，通过挑花篮、打连厢等民间舞蹈，充分表现水乡农妇丰收后的愉悦心情。

2007年11月，中央电视台编导邀请甪直水乡妇女服饰展演队参加第八届中国民间文艺“山花奖”颁奖典礼文艺演出。编导们观赏了甪直镇文体中心编排的群舞《甪直农妇的奥运梦》，十分满意。在此基础上，他们从《甪直水乡行》的音乐中裁剪一个篇章，制成新的舞蹈音乐，表演者从原来的16人增加到36人。经中央电视台编导提升后的大型群舞，在“山花奖”颁奖典礼上闪亮登场，展示着苏州甪直水乡妇女服饰文化，传播着苏州的民间文艺。

2008年4月，甪直连厢《甪直农妇的奥运梦》代表吴中区参加苏州市举办的“和谐苏州迎奥运，全民欢乐大比拼”活动。7月，群舞《甪直水乡行》，随江苏（苏州）演出团队赴北京参加为期五

2007全国农民春节联欢晚会录制现场
© 周民森

400人大型甪直连厢舞为首届吴中区全民运动会拉开帷幕
© 周民森

天的北京奥运文化广场演出，为北京奥运加油、添彩。11月，群舞《甪直水乡行》参加中国首届全国农民文艺会演，与来自全国各省、自治区、直辖市的农民文艺家联袂演出。2008年底，群舞《甪直水乡行》参加第八届江苏省“五星工程奖”决赛。

2009年10月，群舞《甪直水乡行》从全国众多优秀节目中脱颖而出，荣获上海世博会“中华元素”银翎创意奖。该节目除保持原有“苏州甪直水乡妇女服饰”加“打连厢”等特色外，在艺术构思、舞蹈动作、节目编排等方面成功地突破常规，实现了民俗文化的创新发展。作品力求通过优美的体态语言展示传统的服饰文化，再现多姿的农耕场景，彰显着苏州儿女迎“世博”的热情。

2010年5月，苏州甪直水乡妇女服饰表演队第四次应中央电视台邀请，参加“第二届中国民族民间歌舞盛典”演出。24人的强大阵容，无论

在演出现场，还是在天安门前，妇女们独特的妆饰、优美的展演，吸引了无数观众的目光。6月，甪直水乡妇女的连厢舞表演参加“中国2010年上海世博会·苏州城市特别日活动”，向世人展演人间天堂苏州的民俗文化。9月起，甪直水乡文化艺术团在江南文化园古戏台开启以“吴韵汉风，人文甪直”为主题的文艺专场演出。

2011年8月，甪直镇文体中心创编的400人大型连厢舞《甪直连厢名气响》，在吴中区首届全民体育运动会开幕式展演，精彩亮丽，深受好评。

2011年12月，群舞《鸡头米》应中央电视台七套邀请赴北京，参加魅力农产品嘉年华节目录制演出。这是她们第五次受中央电视台邀请演出。

2014年2月，甪直镇文体中心的水乡服饰表演队应湖北卫视《我爱我的祖国》栏目邀请，到北京参加节目录制。6月，由甪直镇人民政府主办的“五彩连厢·甪直飞扬”首届全国连厢舞邀请大赛在甪直古镇江南文化

园隆重举行，甪直连厢队队员身穿传统的妇女服饰展演了《甪直连厢名气响》。9月，甪直水乡妇女服饰展演暨连厢舞表演，应邀到苏州太湖之滨参加中央电视台《苏州月·中华情——2014中秋晚会》。这是她们第六次受中央电视台邀请演出。是年，以展示苏州市级第六批非物质文化遗产代表作——甪直萝卜传统制作技艺为素材的群舞《甪直萝卜沁乡情》，演员们身穿稍作创新设计的水乡服饰，多次应邀参加市、区展演。

2016年9月，“五彩连厢·甪直飞扬”第二届全国连厢舞邀请大赛在甪直镇澄湖水八仙生态文化园隆重举行。甪直连厢队队员身穿传统的苏州甪直水乡妇女服饰展演了《甪直连厢情》。

2017年6月，甪直水乡文化艺术团赴北京参加中央电视台三套《群英汇·苏州专场》精品节目演出，展演水乡服饰。

2019年10月，“五彩连厢·甪直飞扬”第三届全国连厢舞邀请大赛

在2008年北京奥运文化广场演出现场
© 周民森

在角直古镇江南文化园隆重举行。角直连厢队员身穿传统的妇女服饰展演《青衫恋》。

2020 年 7 月，中央电视台十七套《超级新农人》栏目在苏州吴江同里录制，角直镇文体中心应邀组织民间文艺团队，身穿传统服饰表演摇荡湖船和角直连厢舞《一根紫竹直苗苗》。

2022 年 8 月，2022 年中央广播电视总台中秋晚会在苏州市张家港组织分会场，角直水乡文化艺术团表演连厢舞《一根紫竹直苗苗》。

苏州甪直水乡文化艺术团七上北京演出统计表

序号	时间	活动地点	电视台	活动内容	表演节目	备注
1	2006年10月	北京	中央电视台一套	2006中国民族民间歌舞盛典	连厢《一根紫竹直苗苗》	中央电视台一号演播厅
2	2007年2月	北京	中央电视台七套	“九亿农民的笑声”——2007年全国农民春节联欢晚会	连厢《一根紫竹直苗苗》	—
3	2008年7月	北京	—	北京奥运文化广场演出	群舞《甪直水乡行》	—
4	2010年5月28日	北京	中央电视台一套	第二届中国民族民间歌舞盛典	连厢《八段锦·紫竹调》	—
5	2012年12月	北京	中央电视台七套	魅力农产品嘉年华	群舞《鸡头米》	—
6	2014年2月14日	北京	湖北卫视	《我爱我的祖国》栏目“江南布衣”专场	《甪直连厢名气响》	中国传媒大学高井村传媒文化园
7	2017年6月26—29日	北京	中央电视台三套	《群英汇·苏州专场》精品节目	《生活就是舞台》《甪直连厢情》	—

苏州甪直水乡文化艺术团十进央视演出统计表

序号	时间	活动地点	电视台	活动内容	表演节目
1	2006年10月	北京	中央电视台一套	2006中国民族民间歌舞盛典	连厢《一根紫竹直苗苗》
2	2007年2月	北京	中央电视台七套	“九亿农民的笑声”——2007年全国农民春节联欢晚会	连厢《一根紫竹直苗苗》
3	2007年 11月30日	苏州 相城区	中央电视台七套	第八届中国民间文艺“山花奖”颁奖典礼	连厢舞《舞动的水乡服饰》
4	2010年 5月28日	北京	中央电视台一套	第二届中国民族民间歌舞盛典	连厢《八段锦·紫竹调》
5	2012年12月	北京	中央电视台七套	魅力农产品嘉年华	群舞《鸡头米》
6	2014年 9月8日	苏州 太湖之滨	中央电视台一套、四套	苏州月·中华情——2014中秋晚会	连厢表演
7	2017年6月 26—29日	北京	中央电视台三套	《群英汇·苏州专场》精品节目	《生活就是舞台》 《甪直连厢情》
8	2018年6月 15—18日	南京博物院	中央电视台一套、三套	“我们的节日——到南博过端午”系列活动	连厢《甪直连厢情》 连厢《甪直连厢名气响》 伞舞《神州水乡第一镇》
9	2020年 7月23日	吴江同里	中央电视台十七套	《超级新农人》栏目苏州专场	摇荡湖船表演 连厢舞《一根紫竹直苗苗》
10	2022年 8月22日	张家港	中央电视台一套、三套、四套	2022年中央广播电视总台中秋晚会	连厢舞《一根紫竹直苗苗》

2010年6月走进上海世博会 ©周民森

◆ 荣誉与影响

苏州甪直水乡妇女服饰是第一批国家级非物质文化遗产，在江南吴地民俗文化中占有重要地位，显示着吴地劳动人民的创造才能，闪耀着中华民族古老文明的绚丽光彩。

2005年，苏州甪直水乡妇女服饰被列为市级非遗后，甪直镇文体中心就开始致力探索以活动展演的方式保护传统妇女服饰的新路子：民间文化活动展示—传统服饰展演—传统服饰制作—非物质文化遗产保护。特别是2006年“苏州甪直水乡妇女服饰”被列入首批国家级非物质文化遗产名录后，甪直镇文体中心更加重视对该非遗项目的保护和传承，先后开展一年一度的苏州甪直水乡妇女服饰培训、研讨和展演大赛，同时积极主动

组织群众性文体活动，参与各级各类比赛。从“十一五”开始先后制定了三轮国家级非物质文化遗产名录项目保护规划书。苏州甪直水乡妇女服饰的保护和传承，被纳入了甪直镇人民政府文化发展规划，列入财政预算，取得了一定的成效。

1. 荣誉

2000 年 7 月，甪直水乡妇女服饰参加了“中国・昆明首届中国民族服装服饰博览会”，荣获了展览最佳陈列奖、展览优秀设计奖、表演组织奖和最佳表演奖等 4 个满贯奖项。

2003 年，甪直镇文体中心组织全镇民间业余水乡妇女服饰表演团队骨干组成的“甪直水乡文化艺术团”被苏州市文广局评为“苏州市优秀业余文艺团队”。

2006 年，“草根文化央视争艳”入选苏州市 2006 年度第十五届社会主义精神文明建设十大新事。

第二届中国民族民间歌舞盛典
© 周民森

2007 年 5 月，甪直镇文体中心创作的以展示甪直水乡妇女服饰文化为内容的群舞《甪直水乡行》荣获江苏省群文新作大赛创作金奖、表演金奖。

2008 年 4 月，甪直连厢《甪直农妇的奥运梦》在苏州市举办的"和谐苏州迎奥运，全民欢乐大比拼"活动中荣获"最佳风采奖"。11 月，群舞《甪直水乡行》在文化部、江苏省人民政府主办的"纪念改革开放 30 周年——首届中国农民文艺会演"中荣获"金穗杯"奖。12 月，群舞《甪直水乡行》荣获江苏省文化厅主办的第八届江苏省"五星工程奖"金奖。

2009 年 11 月，群舞《甪直水乡行》荣获上海世博会"中华元素"银翎创意奖。

2012 年，群舞《甪直妹子喜采鸡头米》在"2012 苏州市群众文化优秀作品大会演"中获得金奖。

2013 年，群舞《水乡仙子》荣获江苏省"五星工程奖"铜奖。

2014 年 6 月，以展演苏州甪直水乡妇女服饰及连厢的群舞《甪直连厢名气响》，在"五彩连厢 · 甪直飞扬"首届全国连厢舞邀请大赛中荣获金奖。11 月，以展示苏州市级第六批非物质文化遗产代表作——甪直萝卜传统制作技艺为素材的群舞《甪直萝卜沁乡情》，在苏州市群众文化"优秀作品大会演”中获得金奖。

2016 年 9 月，以展演苏州角直水乡妇女服饰及连厢的群舞《角直连厢情》，在“五彩连厢 · 角直飞扬”第二届全国连厢舞邀请大赛中荣获金奖。

2017 年 6 月，角直连厢登上央视《群英汇 · 苏州专场》栏目。

2018 年 6 月，角直连厢参加南京博物院组织的“我们的节日——到南博过端午”系列活动，中央电视台一套、三套进行报道，这是苏州角直水乡妇女服饰第八次在中央电视台播出。

2019 年 9 月，《角直连厢情》在“山花绽放，天工江南”首届长三角民间艺术节民间文艺展演活动中荣获“最佳传承团队”奖。10 月，群舞《青衫恋》在“五彩连厢 · 角直飞扬”第三届全国连厢舞邀请大赛中荣获金奖。

2020 年 11 月，《角直连厢情》参加第十二届中国国际民间艺术节演出活动。

2021 年 10 月，《幸福吴中连厢情》参加江苏省体育总会举办的“庆丰收，颂党恩，永远跟党走”2021 年“梦幻迷宫杯”全省农民广场舞展演赛，荣获特等奖。

2023 年 6 月，《幸福吴中连厢情》在第五届苏州市群众文化“繁星奖”广场舞大赛中荣获金奖。11 月，《连厢舞出时代感》参加 2023 年全国妇女广场舞（健身操舞）大赛江苏分站赛中荣获青年组小集体特等奖；12 月，在 2023 年全国妇女广场舞（健身操舞）大赛总决赛中荣获青年组小集体自选项目特等奖，并荣获青年组小集体团体第一名。

2. 影响

2000 年以来，角直镇文体中心把“苏州角直水乡妇女服饰”与民俗文体活动“打连厢”和谐地糅合在一起，成立角直水乡文化艺术团，发掘、抢救、保护、传承着苏州角直水乡妇女服饰文化，《吴县报》《苏州日报》《新华日报》以及苏州电视台、江苏电视台、中央电视台等媒体经常报道角直水乡妇女服饰的文化活动。

2006 年 10 月，苏州角直水乡妇女服饰连厢队孙冬花、石凤玉、林珍、王棒花、施奉花、仲花英、陆雪花、王惠英、褚琴英、陈英、金红、陆珍花 12 位妇女代表接受中央电视台、中国音乐家协会、中国舞蹈家协会邀请，到北京参加中央电视台“2006 中国民族民间歌舞盛典”，并代表汉民族参加盛典入场式，中央电视台一套等频道直播，社会影响广泛。

2007年2月，苏州甪直水乡妇女服饰连厢队孙冬花等8位妇女代表，应邀参加中央电视台七套“九亿农民的笑声”——2007年全国农民春节联欢晚会，展现了独特的江南民间文化的无穷魅力。录制节目在2007年除夕夜18：05中央电视台七套首播，中央电视台一套、三套等频道在春节期间重播。表演队第二次北京之行，受到了中央电视台七套《乡土》栏目的高度重视，栏目组专门安排摄制组，从表演队北京站下火车到正式演出结束全程跟踪拍摄。其间，还安排了较长时间的访谈，周民森详细介绍了苏州甪直水乡妇女服饰及其连厢表演的悠久历史和文化特色。栏目组将拍摄的内容制作成《从乡村来到北京》三集节目，在中央电视台七套《乡土》栏目连续播放。

2007年11月，第八届中国民间文艺“山花奖”颁奖典礼在苏州市相城区举行，甪直水乡文化艺术团的36位妇女参加颁奖典礼文艺演出。这是第三次登上中央电视台的大舞台，在演出之前的一周时间内，中央电视台编导多次来到甪直，一起选拔演员，一起参与节目编排并剪辑合成音乐。这也是甪直水乡妇女们穿着传统服饰，首次在中国民间文艺“山花奖”的舞台上展示苏州甪直的民间文艺风采。

2008年7月，以展示苏州甪直水乡妇女服饰文化为内容的群舞《甪直水乡行》，应邀随江苏（苏州）演出团队赴北京参加为期五天的北京奥运文化广场演出。

2010年5月，苏州甪直水乡妇女服饰连厢队第四次应邀上北京，24位妇女代表第四次登上央视舞台，与参加“第二届中国民族民间歌舞盛典”的来自全国56个民族34个地域的民族民间各类艺术团队联袂演出，成功展示了苏州甪直水乡妇女服饰文化的迷人风采。

2012年9月，甪直水乡妇女服饰展演节目随吴中区友好代表团到德国里萨、法国巴黎访问演出，表演的节目有连厢舞《韵动水乡》《担鲜藕》等，向世界友人展示了甪直水乡特色文化的魅力。

2012年12月，甪直镇文体中心第五次受中央电视台邀请，选派甪直水乡文化艺术团在中央电视台七套“魅力农产品嘉年华”上，表演群舞《鸡头米》，完美演绎了苏州甪直水乡妇女服饰的文化魅力。

2021年11月，甪直水乡文化艺术团赴广东省中山市小榄镇参加第十二

中央电视台七套第二届魅力农产品嘉年华
© 周民森

届中国民间艺术节暨第十五届中国民间文艺“山花奖”优秀民间艺术表演奖初评活动，表演《甪直连厢情》，并走进中山市凤凰山森林公园，为当地百姓呈献上精彩的苏州甪直水乡妇女服饰及连厢表演。

至今，甪直镇有近百支甪直水乡妇女服饰连厢队，一千多名农村妇女活跃在镇区各乡村、社区。她们用吴侬软语歌唱了社会主义新农村建设的辉煌成就，抒发了农民丰收的喜悦心情；她们自娱自乐，乐此不疲，繁荣着和谐的民俗文化；她们自裁自剪，巧缝妙绣，展示和传承着苏州甪直水乡妇女服饰文化。

第二节　在实施项目中推进传承

苏州甪直水乡妇女服饰，是当地农村妇女千百年来从事稻作农业过程中逐渐创造、发展而来的。2006 年 5 月，“苏州甪直水乡妇女服饰”成为

首批国家级非物质文化遗产代表作以来，角直镇不断做好非遗保护和传承工作，穿着角直水乡妇女服饰的连厢队队员，曾多次走进央视，在全国观众面前展露风采。为了充分利用当地文化资源，明确目标，整合提升，不断加强苏州角直水乡服饰标志性文化品牌建设，2019 年角直镇制订并实施了项目化推进方案，该项目被列入吴中区 2020 年十大重点文化项目之一，探索了新时代保护和传承国家级非遗文化的科学化、规范化、社会化管理新模式。

角直镇文体中心以苏州角直水乡妇女服饰文化生存现状为前提，在深入调查研究的基础上制订了项目方案，积极打造角直水乡标志性文化品牌。通过项目推进，开启院校合作，设立水乡服饰传承研究与文创产品设计工作室，举办各类文化赛事等活动，促进角直水乡妇女服饰文化遗产保护与传承工作，在全社会形成自觉保护意识，实现非遗文化保护工作的科学化、规范化、数据化、社会化管理，有效推进国家级非遗文化的抢救、

插秧时节
© 周民森

保护、传承，以多元化的形式，保障水乡服饰活态传承的可持续发展。

苏州甪直水乡妇女服饰是国家级非遗代表作，由于时代发展和人们审美趣味的变化，现实中存在着制作人少和穿着人少的情况，如何更好地保护、传承和弘扬，甪直镇做了许多深耕和创新工作。

◆ 开启院校合作，精心打造文化品牌

加强与苏州大学艺术学院的合作，开展苏州甪直水乡妇女服饰文化研发工作，让水乡服饰从田野走向舞台，再回归到现代生活，成为现代服饰的一部分。

◆ 加强阵地建设，充分发挥阵地功能

开设水乡服饰传承研究与文创产品设计工作室，进一步促进苏州甪直水乡服饰文化产业发展。丰富甪直水乡妇女服饰博物馆的展陈方式与内容，发挥博物馆的最大效能。

◆ 举办活动赛事，深度挖掘技艺人才

通过举办苏州甪直水乡妇女服饰文化节、甪直镇非遗文化宣传周、苏作文创峰会甪直分会、苏州甪直水乡妇女服饰创意设计大赛、苏州甪直水乡妇女服饰缝制大赛等活动赛事，为广大服饰人才搭建切磋技艺、增进交流、展示创新成果的平台。同时，鼓励创作苏州甪直水乡妇女服饰衍生文创产品，有效地发现优秀的民间工艺人才，进一步整合研发优势和民间创意设计力量，积极培育“匠心”，提升“匠能”，铸造“匠魂”。

◆ 开展活态展演，提升传承保护意识

甪直镇文体中心组织甪直水乡文化艺术团的十多名队员和全镇数十支连厢队的成员，穿着特色鲜明的水乡服饰，常年开展打连厢等展演活动。开展“水乡丽人行”活动，让苏州甪直水乡妇女服饰，走进街巷，深入人心。

常态化开展“筑梦中国・情系甪直”专场文艺演出，每年举办苏州甪直水乡妇女服饰展演暨甪直连厢舞表演大赛，定期举办苏州甪直水乡妇女服饰缝制大赛，增强全社会保护、传承民俗民间文艺意识，从活动中发现人才。

立足当下，展望未来，通过项目化推进，整合多方资源，形成合力，取得了保护、传承的明显成效；让特色鲜明、历史悠久的甪直水乡妇女服饰，在我国汉民族服饰中保持杰出代表的崇高地位。

◆ 静态展示，活态传承，提升保护传承水平

苏州甪直水乡妇女服饰，是特色鲜明的汉民族劳动人民的服饰，历史悠久，传承有序，至今仍然有部分中老年人喜欢穿着它生活。为了让更多人认识它、了解它，甪直镇在东市上塘街开辟了苏州甪直水乡妇女服饰传习所，常年展示传统水乡妇女服饰，同时安排裁缝师傅现场缝制或订制水乡妇女服饰。每天安排 1 名裁缝师傅在传习所开展传承活动，边缝制水乡服饰，边向游客讲解相关知识，使苏州甪直水乡妇女服饰文化的传承经久不息。

苏州甪直水乡妇女服饰是精美的文物，也是流动的风景。无论是苏州民间艺术节暨甪直水乡服饰文化旅游节活动，还是“五彩连厢・甪直飞扬”全国连厢舞邀请大赛，甪直水乡妇女服饰的亮丽风采，成为当地群众和中外游客的抓拍焦点。一些民间文艺工作者还穿着水乡妇女服饰进学校、进社区，向孩子们展演打连厢等民俗活动，讲解水乡妇女服饰的来历、名称和用途，让当地中小学生了解传统服饰，热爱传统文化，使甪直

苏州甪直水乡妇女服饰缝制大赛获奖者展示绝活
© 周民森

水乡妇女服饰文化的传承具有广泛的民间基础，后继有人。

◆ 传承合作，创新创赢，精心打造文化品牌

通过与苏州大学艺术学院的合作，开展苏州甪直水乡妇女服饰文化研发工作。联合苏州大学艺术学院时尚艺术研究中心举办苏州甪直水乡妇女服饰创意设计大赛，以甪直水乡妇女服饰为研究对象和设计灵感来源，运用甪直水乡妇女服饰的拼接、绲边、纽襻、带饰等多种技艺，结合现代服饰风尚和技艺对甪直水乡妇女服饰进行创新和改良，设计出既保留原有服饰元素，也符合现代人审美观念的创新型服饰，给甪直水乡妇女服饰注入创新的血液，使它具有更强大的生命力和影响力，力求通过合理利用和创新开发，让吴东地区传统服饰从目前的演出舞台回归到现代生活，成为现代服饰的一部分。

2020 年，在甪直镇与苏州市文学艺术界联合会联合举办的第十八届苏州市民间艺术节暨第十届苏州甪直水乡妇女服饰文化节上，苏州甪直水乡

苏州甪直水乡妇女服饰创意设计大赛作品展示
© 陈彩娥

妇女服饰技艺创意大赛获奖作品闪亮登场，与传统服饰相映生辉，充分展示了甪直水乡妇女服饰的艺术魅力，为进一步擦亮甪直水乡妇女服饰这块金字招牌，发挥它的品牌效应推波助澜。引进第二届“东吴匠师”、苏州市职业大学服装专业主任张鸣艳，在江南文化园成立“吴中区甪直出青文化创意工作室”，为苏州甪直水乡妇女服饰的制作和改良储备实力。同时邀请苏州著名服装设计师张文焕老师为甪直传统的妇女服饰改良、创新，添加时尚元素，顺应消费需求，不断满足甪直镇群众文艺演出及游客的需求。

甪直镇还成立“吴中区甪直镇非遗产业联盟”，融合产、学、研、展、商于一体，不断推出最新设计的苏州甪直水乡妇女服饰及其衍生产品，在

各种场合试水市场，宣传推广，探索市场化、品牌化、产业化的发展思路。苏州角直水乡妇女服饰传习所缝制的不同种类和款式的水乡妇女服饰，打通了源头生产、下游销售的渠道。同时在角直旅游公司文创专营店实现线上销售，在天猫旗舰店进行网络营销，不断拓展市场空间，不断提高苏州角直水乡妇女服饰的品牌影响力。

◆ 通借通还，精心推广，提升旅游服务品质

苏州角直水乡妇女服饰传习所与角直旅游公司通力合作，游客只要在角直旅游公司游客服务中心购买门票时登记信息，就可以免费借一套水乡服饰，穿上它逛街和拍照，免费体验穿着水乡妇女服饰，留下自己在角直古镇的风姿神韵。没买旅游门票的游客，可以在传习所挑选、试穿自己喜爱的苏州角直水乡妇女服饰，登记个人信息后也可以上街游览。这些免费供游客体验穿用的服饰，可以在游客服务中心或传习所两地通借通还，十分便捷。通借通还的创新举措，提升了宣传、推广的服务品质，使苏州角直水乡妇女服饰的靓丽风姿，通过游客的网络社交平台，几何级向外传播，产生了良好的宣传效应。

◆ 文化下乡，绽放光彩，增强品牌宣传效益

2019 年 7 月，角直镇成立了“角直镇民间文艺家协会”，涵盖了宣卷、水乡服饰、连厢、戏曲、山歌等多种民间艺术，这为苏州角直水乡妇女服饰的保护和传承打下了坚实的基础。民间艺人穿着传统服饰，深入乡村、社区，走上街头、戏台，用她们的传统技艺传播着角直镇的民间文化。角直镇民间文艺专家，通过苏州市公共文化服务配送平台，以文化讲座等形式，宣讲角直水乡妇女服饰何以成为国家级非遗，系统介绍苏州角直水乡妇女服饰的文化内涵，提升苏州角直水乡妇女服饰的品牌效应，让传承几千年的苏州角直水乡妇女服饰更加璀璨夺目。

跟着奶奶学连厢

© 陈彩娥

第三节　保护传承，规划先行

角直镇坚持保护规划与保障政策相结合，政府保护与民间保护相结合，水乡服饰文化传承与生态农业建设、古镇文化旅游产业相结合，坚持以人民为中心的工作导向，以《中华人民共和国非物质文化遗产法》《江苏省非物质文化遗产保护条例》和《苏州市非物质文化遗产保护条例》为依据，在深入调查研究的基础上，于2010年制订并实施了2011—2015年苏州角直水乡妇女服饰“十二五”保护规划。2012年和2023年分别制订了“2013—2022年”和“2023—2032年”两个《苏州角直水乡妇女服饰保护规划》，指导苏州角直水乡妇女服饰文化的抢救、保护、传承和发展。

角直镇通过制订长期保护规划，有条不紊地开展苏州角直水乡妇女服饰的保护与传承工作，建立比较完备的保护制度和体系，在全社会形成自觉保护水乡服饰文化意识，基本实现非物质文化遗产保护工作的科学化、规范化、数据化、社会化，使苏州角直水乡妇女服饰的保护、传承和弘扬工作得到进一步的落实和创新发展。

新制订的《苏州角直水乡妇女服饰保护规划》（2023—2032年）概述如下。

一、近期工作目标

完善苏州角直水乡妇女服饰传承人群的培训制度和培育机制，完善苏州市角直水乡文化艺术团的工作制度和展演职能，完善全镇50多支业余表演队的活动制度和激励办法，加强水乡服饰缝制者、穿着者、传承者之间的交流互动，取长补短，共同进步。

采取苏州角直水乡妇女服饰文化遗产项目资助、传承奖励和专项补助等办法，关心传承人的生活，鼓励对非物质文化遗产传统技艺的传承和保护。继续开展非遗进校园、非遗进社区活动，培养一批思想素质好、专业水平高，热心于传承工作的志愿队伍，加强非遗传承后备力量。

持续开展苏州角直水乡妇女服饰缝制大赛和展演活动，积极参加上级组织的非遗展演和重大赛事，发现和表彰优秀展演队伍、先进个人和缝制高手；持续开展每年一届的非遗文化宣传周活动，集中展示以苏州甪直水乡妇女服饰、甪直连厢为代表的特色非遗，提升吴中甪直的文化自信。

二、中期工作目标

推广普及。传承范围从农村走向校园、走向社会，传承对象从农妇发展到学生和游客。推荐优秀传承人和缝制高手作为学校辅导老师，推广和传授水乡服饰文化，同时成立水乡服饰学生表演队。在甪直实验幼儿园、苏州叶圣陶实验小学设立兴趣班，充实苏州甪直水乡妇女服饰传承的后备力量。

扩大队伍。一是扩大缝制人员队伍，采取“老带小”“老带新”的方式，培育水乡服饰的缝制人员；二是扩大甪直水乡服饰表演队伍，吸收外来人员组成一支水乡服饰表演队，拓宽苏州甪直水乡妇女服饰文化的传承范围；组织少年儿童的表演队伍，让老、中、青、童的表演队伍为苏州甪直水乡妇女服饰的传承和展示增添亮色。

打造品牌。坚持守正创新，召集苏州甪直水乡妇女服饰缝制能人进行研究创新，设计出改良款式，既保留苏州甪直水乡妇女服饰的特色与精华，又

莳秧
© 马觐伯

顺应新时代消费者的审美需求，全力打造苏州甪直水乡妇女服饰品牌，使其向专业化、时尚化、产业化方向发展。

三、远期工作目标

努力打造苏州甪直水乡妇女服饰文化基地，集研究、展示、培训、缝制、表演、教学于一体，让苏州甪直水乡妇女服饰的保护、传承与弘扬全方位高质量发展，促进社会效益和经济效益双提升。

苏州甪直水乡妇女服饰形成自己的专家队伍、表演团队和传承人群，实现系统化、多层次的传承格局。加强苏州甪直水乡妇女服饰的宣传推广，利用微信公众号、抖音、小红书等新媒体渠道，组合文字、美图、视频等，让苏州甪直水乡妇女服饰的影响力遍及大江南北，走进千家万户，实现在线展示、在线定制、在线销售，适应数字化时代的生活方式。

打破苏州甪直水乡妇女服饰的地域局限性，连接江南文化，消除应用领域的束缚，进行市场化和品牌化运营，实现可持续发展。邀请网络红人前来甪直打卡，穿着水乡服饰拍照、表演、推介，吸引更多人关注，进一步擦亮苏州甪直水乡妇女服饰的金字招牌，促进文旅融合，助力“非遗+旅游”的多层次发展，造福当地百姓。

第八章
守正与创新

苏州角直水乡妇女服饰，与千百年来江南农耕文化相伴而生，具有浓郁的吴地风情。

苏州市吴中区角直镇在保护和传承水乡妇女服饰方面，科学谋划，守正创新，颇见成效。既有作为全景展示的角直水乡妇女服饰博物馆，供游客参观、了解水乡服饰在角直地区人民日常生产生活中的实际应用和传承路径；也有作为现场制作、与客户面对面交流的苏州角直水乡妇女服饰传习所，身着传统服饰的模特向人展示苏州角直水乡妇女的风姿神韵，裁缝师傅还可为客户量身定做，让其体验苏州角直水乡服饰的简朴之美；还有作为表演阵地的江南文化园古戏台等，穿着水乡妇女服饰的角直连厢队员，常年在古戏台、古镇二期等地表演赏心悦目的民间文艺节目。游客纷纷拍照、拍视频，感受苏州角直水乡妇女服饰的审美情趣，扩大对水乡服饰的宣传推广。持续开展的苏州角直水乡妇女服饰缝制大赛，为培育新人、发现能人创造了条件。

苏州角直水乡妇女服饰，是角直地区劳动妇女的日常穿着，但是随着时代的变迁和人们消费需求的改变，中老年妇女穿着的多一些，年轻人穿着的相对较少，“养在深闺人未识”，成为它面临的严峻现实。苏州角直水乡妇女服饰，是鲜活的文物、流动的风景，它不是放在橱窗里展览的。衣食住行衣在先，它曾经是当地劳动妇女每天要接触、使用的必需品。如何展示它的美，如何提高它的影响力，是当地群文工作者必须面对和解决的课题。

第一节　留住乡愁行正道

传统的苏州甪直水乡妇女服饰，蕴藏着丰富的吴地传统文化。为了恪守传统，甪直镇不断尝试，不懈努力。2005 年开始的每年一届苏州甪直水乡妇女服饰展演暨甪直连厢舞表演大赛，2010 年开始的在江南文化园古戏台每天的文艺专场表演，2014 年开始的不定期举办的全国连厢舞邀请赛，2018 年开始的文化下乡活动，不定期开展的“水乡丽人行”活动……通过唱山歌、打连厢，展示服饰风采，保护传统文化。

◆ 专家建言留住乡愁

由中国服装设计师协会、中国美术家协会服装设计艺术委员会、苏州大学艺术学院主办的“第五届中国非物质文化遗产·东吴论坛”，2015 年 11 月 28 日在苏州大学隆重开幕，29 日移师甪直古镇，共同探讨苏州甪直水乡妇女服饰保护传承的新出路。

“第五届中国非物质文化遗产·东吴论坛”之苏州甪直水乡妇女服饰专题论坛，由苏州大学艺术学院教授李超德主持。论坛专家邀请到了中国艺术研究院工艺美术研究所原所长，中国工艺美术学会民间工艺美术专业

苏州甪直水乡妇女服饰专题论坛

© 顾洁锋

委员会副主任、理论专业委员会秘书长、国家非物质文化遗产保护工作专家委员会委员孙建军；中国科学院大学人文学院副教授、博士，日本经济史研究专家黄荣光；中国美术学院设计学院教授、中国服装设计师协会学术委员会主任委员钱麒儿；东南大学艺术学院教授、中国工艺美术学会理论专业委员会副秘书长、江苏省非物质文化遗产专家评审委员会委员胡平；苏州大学艺术学院艺术学系副教授、博士，苏州工艺美术研究专家郑丽虹，以及苏州市吴中区文化艺术名家、副研究馆员、甪直镇文体中心主任周民森。参加论坛活动的还有来自全国非遗、服装设计领域的90多位专家学者。

本次论坛主题是苏州甪直水乡妇女服饰的传承保护与现实生活中遭遇的困境以及时尚潮流背景下的传承保护工作如何开展。论坛上，周民森首先介绍苏州甪直水乡妇女服饰的渊源和保护现状，他表示苏州甪直水乡妇女服饰自2006年被列入首批国家级非遗以来，地方政府不断加大保护力度，保护与传承工作取得了令人瞩目的成绩。但是，由于苏州甪直水乡妇女服饰逐渐失去了传承的载体与生活背景，在当下年轻人眼中落伍的服饰，如何在新时代传承下去，既能够保留独特的拼接、绣花、绲边等技艺，又同时让时尚体现其中，在传承的基础上得到创新，在创新过程中得到传承，希望通过本次论坛得到各方专家的指点。

论坛上几位专家纷纷出谋划策、各抒己见。专家在肯定苏州甪直水乡妇女服饰保护成绩的同时，也不免感叹：好多非遗都成了“盆景”，甪直可以探索结合新农村改造、美丽乡村建设等时机，留住“非遗空间”，恪守民俗传统。在谈到创新方面，孙建军提出既可以“移情别恋”，把水乡服饰这原有的形式保留，再加以提炼，融入现代的元素，成为现代服饰的一部分；也可以“无中生有”，把服饰的元素做成周边的工艺衍生品。黄荣光利用日本和服的保护现状作为例子，建议水乡服饰往极其精致方向发展，让苏州甪直水乡妇女服饰成为高端服饰的记忆。胡平则认为如今保护与传承的服饰已经失去了其赖以生存的载体，今后我们所要做的，不是单纯的生搬硬套，把从前在田间地头劳作的服饰生硬地挪到现代生活中的舞台上来，而是加入符合现代人审美情趣的现代元素，再加以重新利用发展，这被称为“后工艺”时代。

专家们表示，能够把传统和现代结合得较好的没有非常成功的案例，但是我们可以尝试把非遗转化成文化产业，摸索出一条市场化、批量化的路子，这需要政府及社会各界共同来完成。苏州甪直水乡妇女服饰，是一股浓浓的乡愁，是民族的精神、美学的趣味，如何留住乡愁，把传统元素与当下保护和创新有机地结合起来，相信苏州甪直水乡妇女服饰这一草根文化大放异彩的机遇一定会到来。

◆ 征集收藏传统服饰

2021 年 3 月，根据苏州市委、市政府决策部署，在吴中区和苏州工业园区相邻的甪直镇、郭巷街道和独墅湖科教创新区内，设立苏州市独墅湖开放创新协同发展示范区，面积 222 平方千米。甪直镇西片的淞港村（包括板桥、凌港、西潭）和淞浦村（包括东关、秀篁、蒋浦）2 个行政村，以及甫田村的宫殿、戴家甸、杨家湾 3 个自然村的区域成为园区“飞地”，作为协同发展示范区的核心区。

为此，甪直镇启动了大规模的动迁工作，核心区内的所有民宅、厂房必须在较短时间内完成动迁安置。然后要把核心区内所有建筑拆除，并填没原有河道，像三十年前的园区建设一样，高标准规划，高质量实施，重新开挖河道，修筑道路，招商引资……

为响应市、区、镇的决策部署，甪直镇文体中心向动迁区妇女征集、收购传统水乡服饰，抢救性保护传统的苏州甪直水乡妇女服饰。2021 年 4

月开始，甪直镇文体中心组织人员深入动迁区域，走访动迁农民，动员妇女们把压在箱子底下的老服饰、老物件拿出来，如果愿意，按价征集。工作人员还提醒妇女们不要轻易扔了、烧了，“把根留住”。

事实上，苏州市独墅湖开放创新协同发展示范区建设的推进工作，速度之快，令人惊叹。一方面是政府的动迁力度大，另一方面是绝大多数农民响应积极，密切配合。广大农民一边与村干部按规定办理动迁手续，一边积极寻找、租赁合适的房屋。没过几天，动迁区域内一户户村民搬离家园。文体中心工作人员跟时间赛跑，邀请各村文体干部配合，走家串户，宣传动员。先后在板桥、凌港等村落设点征集，附近妇女们有的拿出了自己亲手缝制的绣花鞋、拼接衫、襡裙、襡腰……有的还拿出了长辈传给她的精美服饰，有襡裙，有板腰，有绣花鞋……

在核心区各自然村设点征集后，征集人员再向核心区外的村妇女主任了解摸底，直至深入全镇 18 个行政村和社区，或上门收购，或设点征集。就这样，甪直镇文体中心历时半年，遍及全镇，征集到了藏在民间至少有五六十年历史的甪直水乡妇女服饰老物件 300 多件，大多为襡裙、绣花鞋、大襟拼接衫、拼裆裤、襡腰等服饰。其中也有几件为农妇祖辈传下来

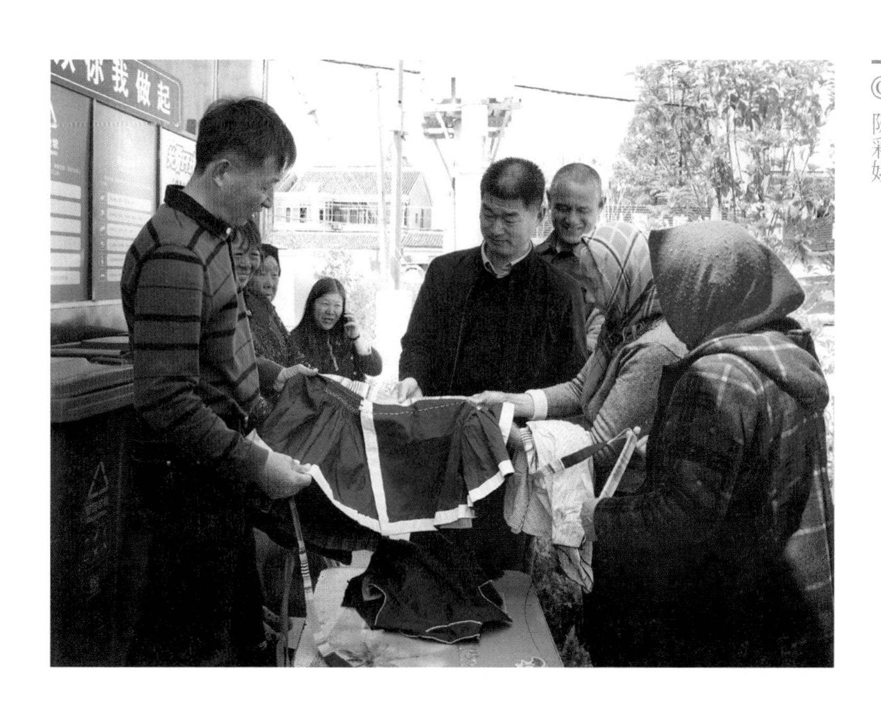

走村串户征集传统水乡服饰 ©陈彩娥

的有百年以上历史的老式服装。

2021年11月，甪端新区概念被提出，甪直镇甫澄路以东、沪常高速以南区域的村庄、工厂全部列入动迁、回购范围。一年后，甪端新区规划正式发布，东至甫澄路，西至甪胜路，南至沪常高速，北至吴淞江，区域面积16平方千米。甪端新区以苏州协同发展新名片、吴中区东部产业新高地为总体定位，努力绣好古韵今风、产城融合“双面绣”，打造宜居宜业宜游的新甪直。甪端新区将以“东居西产”的规划格局，重点打造“5+1+1”7个功能组团。5个产业组团集聚发展生物医药、新一代信息技术、智能制造等产业，1个产业服务配套组团，1个魅力宜居组团，打造具有温暖、宜居魅力的苏式生活住宅区。

至此，过去人们司空见惯的苏州甪直水乡妇女服饰在核心区和甪端新区内渐渐消失。一是世世代代赖以生存的农耕环境一去不复返了；二是传统服饰的穿着者、缝制者难以寻觅；三是从2000年培育、壮大起来的甪直水乡妇女服饰文化表演队，原本都以自然村为单位自愿组合，现如今大多

分散到不同的安置小区，表演团队已难以开展日常活动。

幸运的是，角直镇文体中心把收集到的水乡服饰老物件通过整理收藏，在苏州角直水乡妇女服饰传习所等场所展览展示等方式，让广大游客和群众认识“老古董”服饰，弘扬苏州角直水乡妇女服饰文化，展现角直镇非物质文化遗产在传承、保护方面取得的成效。角直镇文体中心还邀请苏州多位大学教授对收藏品开展调查研究、座谈交流，探讨如何进一步尊重传统、保护传统，在此基础上推陈出新、守正创新，使苏州角直水乡妇女服饰彰显江南文化特色，走出角直地区，走向市场，走向全国，打造苏州角直水乡妇女服饰的特色品牌。

第二节　守正创新两相宜

角直是中国历史文化名镇，被费孝通先生赞誉为“神州水乡第一镇”。“苏州角直水乡妇女服饰”入选首批国家级非物质文化遗产保护名录

角直水乡妇女为环太湖国际竞走和行走多日赛启动仪式助威加油

© 周民森

2008甪直水乡妇女服饰文化表演赛
© 周民森

以来，甪直镇坚持“在保护中传承，在传承中弘扬”的非遗保护发展理念，巧妙地将国家级非遗“苏州甪直水乡妇女服饰”和江苏省级非遗“甪直连厢”珠联璧合，多次在各地展演和比赛中斩获佳绩，曾经七上北京、十进央视，让全国人民欣赏到它的独特风采。如今，穿着水乡服饰打连厢、跳广场舞，不仅成为甪直街头一道亮丽的风景线，也已成为甪直镇闻名遐迩的文化名片。

◆ 甪直民间文艺的蜕变创新

蜕变创新的甪直民间文艺，早在2008年群舞《甪直水乡行》就荣获第八届江苏省“五星工程奖”金奖，首届中国农民文艺会演“金穗杯”奖，2009年上海世博会“中华元素”银翎创意奖。尤其值得称道的是，甪直农妇们表演的民间文艺从2006年10月开始，先后十次应邀参加中央电视台的大型文艺演出，向世人展示了吴中甪直水乡服饰的迷人风采，也展现了

吴地人民的勤劳与智慧。今天，角直民间文艺在蜕变创新中焕发出的新时代文艺光芒，凝聚着一代又一代角直人民对美好生活的向往。

据周民森回忆，他自从2000年1月调任角直镇文化站工作以来，有更多的机会深入乡村，服务社会，了解到这个被称为“苏州的少数民族”地区，实际上就在以席墟浦与吴淞江交汇的“金三角”为中心的吴东地区，半径不超过10千米，方圆360多平方千米的区域。而且越靠近“金三角”中心，妇女们穿着的传统服饰越讲究、越艳丽。

2005年上半年，苏州市在全国率先启动申报非遗工作，周民森就是考虑到吴东地区大片区域已经成为苏州工业园区，只有角直还保留着该传统服饰赖以生存的农耕环境，于是就把该项目命名为“角直水乡妇女服饰”。同时，趁势组织举办了角直水乡妇女服饰展演大赛，参演者个个全副武装，从包头到绣花鞋穿着齐全，煞是好看，乡土气息浓淳。

苏州角直水乡妇女服饰凝聚了吴地劳动人民的智慧，浓缩了江南文化的精华，是千百年来汉民族劳动人民服饰的杰出代表。角直镇文体中心组织开展的每一项群文活动，引导广大农妇敬畏传统服饰，感悟本土民间文化的魅力和智慧，唤起大家内心那份浓淳的乡土情怀。

2006年5月，“苏州角直水乡妇女服饰”经国务院公布，成为首批国家级非物质文化遗产代表作。中央电视台“2006中国民族民间歌舞盛典”采风摄制组第一时间到江苏，经苏州市文广局推荐来到角直。角直镇文体中心立刻组织了上年获奖的6支村级连厢表演队，在保圣寺的千年银杏树下向中央电视台摄制组展演，同时向编导

详细介绍甪直水乡妇女服饰的历史文化。9月初，甪直镇文体中心正式收到了盛典组委会的邀请，让周民森组织12人的甪直连厢表演队在10月2—6日到北京中央电视台，参加“2006中国民族民间歌舞盛典”的录制。

第一个难题就是选拔群众演员。本可以简单处理，在众多连厢队中挑选一个队伍，但从群众性、普及性出发，必须从20多支队伍的200多位打连厢妇女中选拔。这么做，谁都知道很难，挑选过程又很残酷。只要公正公平，老百姓心中那杆秤就会说话，就会传播，就会产生良好的社会效果。很快，周民森邀请了市区文化部门的领导、吴中区各乡镇的同行来甪直当评委，从身高、身材、动作、姿态等方面现场挑选12位优秀的打连厢妇女。被选上的12位妇女倍感珍惜，积极备战，刻苦训练，在中央电视台一号演播厅的大舞台上，在江南民乐紫竹调的伴奏下，与来自全国各地区各民族的朋友们联袂演出，成功展示了江南吴地民俗文化的迷人风采。

这12位农妇都是第一次上北京，演出结束后周民森答应带领她们到天安门广场拍照留念，但必须先穿着自己的水乡服饰。有几个妇女是极不情愿的，她们只想穿着为了上北京特意买的新衣服。由于纪律严明，任务明

苏州甪直水乡妇女服饰表演队参加苏州市第三届全民欢乐大比拼决赛
© 周民森

确，队员们还是勉强响应了。大家来到天安门广场拍摄时，许多游客也纷纷来抢拍，询问队员们是哪个少数民族，其中北京《新京报》媒体记者也亮明身份，为大家拍照，队员们个个都乐开了花。周民森完成了预期的拍摄任务，就同意妇女们更换自己准备的新衣服再次拍摄。让她们感到奇怪的是，刚才还被大伙围观，现在换上新衣服反而没人关注。周民森因势利导告诉队员们："你们还是你们，刚才受围观，出彩的不是你们的脸蛋，而是我们的服饰。"从此，全镇妇女才真切感受到了日常穿着的传统服饰的文化价值。

幸运的是 2007 年 2 月，甪直镇文体中心又接到了中央电视台七套的邀请，参加"九亿农民的笑声"——2007 年全国农民春节联欢晚会。面对新的任务，周民森就再一次组队，再一次培训，再一次排练，继续用心做好每一件事，让民间文艺在蜕变创新中焕发光芒。机遇总是垂青有准备的人。2007 年 11 月，甪直镇民间连厢表演又应邀参加中央电视台录制的第八届中国民间文艺"山花奖"颁奖典礼；2010 年 5 月，应邀参加第二届中国民族民间歌舞盛典；2012 年 12 月，应邀参加中央电视台七套魅力农产品嘉年华……二十多年来，甪直镇的传统服饰表演队居然先后十次应邀参加中央电视台的文化活动，再加上甪直镇每年组织举办的苏州甪直水乡妇女服饰展演大赛，极大地促进了全镇民间文艺的蜕变创新。

2010年开始，甪直镇的江南文化园落成开业，政府决定让甪直镇文体中心成立艺术团，负责文化园古戏台的日常演出。这一创新举措增加了文体中心主任繁重的工作量，从招聘演员、日常管理、业务培训，到文艺创作各个方面。可喜的是，在甪直镇党委、政府的关心下，在市区文化部门和文联的领导、专家的指导下，甪直镇文体中心从音乐、舞蹈各方面着手，先后创作编排了群舞《甪直水乡行》《甪直连厢名气响》《甪直连厢情》《甪直妹子喜采鸡头米》《甪直萝卜沁乡情》等优秀文艺作品，并分别在省、市、区群众文艺会演中获奖。这些优秀作品，筑就了甪直民间文艺的新高峰。

充满着乡土气息的民间文艺是最具时代性、人民性的文艺，在蜕变创新中为地方社会发展提供着不竭的动力。一方面，甪直镇文化部门高度重

苏州甪直水乡妇女服饰传习所一瞥
© 周民森

视；另一方面，基于那么多正在不断创新内容和形式的苏州甪直水乡妇女服饰传承者、山歌传唱者、宣卷艺人……是他们共同筑就了甪直民间文艺的新高地。一任接一任的文体中心主任，他们都对甪直民间文艺、非遗保护等工作满心喜悦，满怀激情，牢记新时代文艺工作者的使命和担当，守正创新，为实现中华民族伟大复兴的中国梦团结奋斗。

◆ 甪直非遗的传承人群选介

苏州甪直水乡妇女服饰能生生不息地传承至今，离不开心灵手巧的甪直妇女手把手的悉心相授，代代相传。它虽然是国家级非遗项目，但作为民俗类，一开始并没有登记在册的代表性传承人。甪直镇每年举办的苏州甪直水乡妇女服饰展演暨甪直连厢舞表演大赛，一直做着活态传承的工作，积极培育苏州甪直水乡妇女服饰的缝制者和传承者，可以说，传承苏州甪直水乡妇女服饰的是一个群体。近些年来，涌现了严焕文、周民森、高美云等守护者，他们用心收集保存完好的传统服饰，留存技艺，留住记忆；涌现了以陈永昌、严梅明、顾夫全、费留坤、任凤金、陆雪花、周金海、周革新、费凤花、徐林仙、赵美林等为代表的水乡服饰缝制人群，他们主动为连厢队员、船娘、导游、景点工作人员制作水乡服饰，让苏州甪直水乡妇女服饰的非遗项目，传承不息，永葆活力。

苏州甪直水乡妇女服饰，在保护中传承，在传承中创新，这些年稳中有进，势头正劲。甪直镇持续开展的苏州甪直水乡妇女服饰缝制大赛，让这门手艺得以传承，也从中发现、培养人才。在苏州甪直水乡妇女服饰传习所，安排2名缝制能手轮流开展传承活动，他们每天制作水乡服饰，并向游客讲解相关知识。传习所为甪直旅游公司每位女性工作人员提供传统水乡妇女服饰，使之与游客近距离接触，让更多人欣赏到它的迷人风采。同时还进行水乡妇女服饰的进校园活动，向孩子们展示和讲解水乡妇女服饰的来历、名称和用途。甪直镇制订了《苏州甪直水乡妇女服饰保护规划》，为苏州甪直水乡妇女服饰的发展之路作出有益探索。近二十年来，擅长缝制甪直水乡妇女服饰的老裁缝陈永昌、顾夫全、严梅明相继去世，心灵手巧的老农妇有的离世，有的已无法从事针线活。甪直镇文体中心坚持对传承人群的选拔和培养，还不断引进服饰设计与制作的专业人才，为甪直水乡妇女服饰传承创新，打好基础，搭好平台，为苏州甪直水乡妇女服饰的传承有序、开拓创新，再立新功。

周民森　1961年8月生于甪直镇东关村。1981年师范毕业后在甪直中心小学任教，2000年调任甪直镇文化站工作，直到退休。现为中国民间文艺家协会会员，甪直镇民间文艺协会会长。

2013年3月25日，《苏州日报》整版以“文化站长的‘非遗’人生”为题，介绍了时任甪直镇文体中心主任周民森的事迹。

文化站长的“非遗”人生

□弓玺　赵焱

“甪直水乡妇女服饰”已走进了当地博物馆

一

二

三

四

五

2007年2月参加CCTV—2007全国农民春节联欢晚会——《九亿农民的笑声》

《苏州日报》2013年3月25日专版

© 周民森

陈永昌（1935—2012）　原车坊乡三姑村人，初小文化。十三四岁开始拜裁缝师傅学手艺。拜师期间及学成以后，长期在自己村上和相邻的角直东关村做裁缝。那个年代，农民朋友省吃俭用，节衣缩食，每年还是会到镇上布店里剪一点布料，约请陈师傅做新衣或“掼肩头”。陈师傅则按东家的先后缓急上门服务，附近乡邻的妇女们趁着农闲，时常前来观摩，有的干脆请陈师傅帮助裁剪，待日后自己抽空缝制。冬去春来，年复一年。陈师傅的裁缝活做遍了车坊三姑村和角直东关村，男女老少大多喜欢请陈师傅做衣服。陈永昌先后培养了陈永根、费连坤、王连根、陈荣根、王金龙、朱凤全、陈卫星、周革新、陈革星、陈创新等 10 多位徒弟。

2005 年上半年，角直镇文体中心准备把传统水乡妇女服饰申报苏州市级非遗和国家级非遗，申报工作除了填写申报书外，还要拍摄申报片，详细记录角直水乡妇女服饰的裁剪、缝制过程，展示该服饰的拼接技艺和缝制工艺。当时，周民森想到了最佳人选陈永昌，陈师傅了解具体要求后爽快地答应了下来。根据拍摄要求，陈永昌从包头、拼接衫、拼裆裤、襡裙、襡腰一件件裁剪、缝制。他的拼接技艺高超，尤其是挖襟、开领，不仅规范，而且熟练。尽管当年陈师傅已经高龄，却还是那样手指灵活，飞针走线，时而回针、钩针，时而拼缝、绲边，圆满完成了申报片的录制任务。

2006 年 9 月初，周民森接到了中央电视台的邀请，要求选派 12 位角直水乡妇女于 10 月 2 日进京，作为汉民族代表参加中央电视台“2006 中国民族民间歌舞盛典”。如何选拔演员，请谁制作服饰，成了亟须解决的首要问题。当选拔演员决定通过“海选”产生的时候，“量体裁衣”已经没有可能，显然时间不够。怎么办？周民森又一次想到了陈永昌，请他将不可能转化成可能。陈永昌再一次爽快地接受了任务，并安抚周民森，请他放心，保证完成任务，保证每一位妇女穿着“服服帖帖”。看到大家疑惑不解，陈师傅解释道：“进京人员是经过选拔产生的，所以不可能出现忒胖忒瘦、忒大忒小的人，也不可能选拔到身高体重完全一样的人。所以，我只要按照 165—170 厘米身高的标准身材做 5 套，偏胖的身材做 4 套，再按偏瘦的身材做 3 套就行了。至于裁剪的尺寸，尽管放心，都在我心里。”

进京人员海选产生后，在紧张的排练时，陈永昌亲手缝制的苏州角直水乡妇女服饰被送到了文体中心。工作人员按照陈师傅的估算，把 12 位妇女按照偏瘦、偏胖、标准分成三组，再把服饰分发给每一位妇女。果然，大

家穿上崭新的衣服后，都觉得陈师傅缝制的服饰特别合身，无论是领口、胸围，还是衣袖，都特别舒服，大襟纽襻衔接部位服服帖帖，齐声称赞陈师傅手艺高超。

陈永昌师傅亲手制作的苏州角直水乡妇女服饰，不仅展演在中央电视台一号演播厅的艺术殿堂，还展演到天安门广场、万里长城。

顾夫全（1932—2022） 角直庆丰村7组人。1942年，11岁的顾夫全向邻近田东村的姨父诸阿元学习缝纫手艺，主要从事缲边，缝纽扣。因患有腿疾，人长得矮小，干活吃力，一年后，父母就让他进庆丰村私塾读书。1944年，他向庆丰村顾梅树学习缝纫，三年期满出师。从1947年开始，他独立作业，在家做裁缝生意，常常应附近村民邀请，上门服务。

1950年，顾夫全开始带徒传承技艺。多年来先后授徒5人，有郭巷

不到长城非好汉
© 周昱

村顾海兴、杨秋英，以及张巷村张杏根、光辉村赵建良、张林村林荷仙。1980 年后，在家做裁缝，很少外出量身裁衣，基本是剪布上门量做。

2009 年，77 岁高龄的老裁缝顾夫全，在首届甪直水乡妇女服饰缝制大赛中制作的拼接衫、拼裆裤虽然只获单项三等奖，但他熟知传统妇女服饰的款式特征，裁剪技艺，包头、拼接衫、拼裆裤、襡裙等服饰样样能做，年轻时精细的手艺深受邻近乡村妇女们喜爱。

2012 年，吴中区非遗办启动区级代表性传承人申报工作，甪直镇文体中心组织甪直水乡妇女服饰传承人群广泛讨论，民主协商，推荐顾夫全为苏州甪直水乡妇女服饰区级传承人。

顾夫全于 2022 年 11 月因病离世，享年 90 岁。他是甪直水乡妇女服饰的区级非遗传承人，2018 年拍摄的《寻找非遗：水乡里的千年布衣》，记录了顾夫全制作拼接衫、拼裆裤的全过程，为服饰的传承留下了宝贵的影像资料。

张文焕 1944年11月17日生于苏州。1961年入伍参军，1968年退伍回苏州，进入东吴丝织厂工作。由于他喜欢音乐，会弹钢琴，爱好美术，会画油画，艺术兴趣广泛，工厂领导安排他从事服装设计工作。

他做事认真，责任心强，把服装设计工作看成自己的事业，爱得如痴如醉，不能自拔。他还不断自学，不断实践，学会了服装制作。1986年，张文焕初次出手的服装设计作品“现代色块青春连衣裙”，款式新颖，潇洒大方，既体现年轻姑娘的朝气秀丽，又体现时代风貌和民族特色。经轻工业部全国连衣裙设计评委会评选，张文焕的作品荣获“全国连衣裙设计二等奖”。之后，他竟然连续六七次在全国性服装大赛上获奖。1991年，中国苏州国际丝绸旅游节上，受到国内外宾客一致好评的东吴丝织厂时装表演队精彩表演的时装作品，也出自张文焕之手。随后，张文焕加入中国服装设计师协会，成为会员。

20世纪90年代中期，50多岁的张文焕从东吴丝织厂辞职下海，自己创办服装加工作坊，开始承接并亲手制作各种服装。随着业务不断扩大，张文焕请了一批又一批的师傅帮助加工、缝制。生产作坊生意兴隆，门庭若市，在苏州演出服装的生产制作领域颇有影响。

2006年，甪直镇文体中心在邀请市区文化部门领导、专家筹划群舞《甪直水乡行》时，创作组想到了张文焕。该群舞主要展示刚刚被列入首批国家级非物质文化遗产代表作的“苏州甪直水乡妇女服饰”。由于该非遗属于“民俗”类，所以群舞创作既要有传统服饰的文化元素，又得展演与之相应的生产生活习俗。经过认真讨论，反复推敲，创作组确定了舞蹈的结构：淴浴戏水、生产劳作（插秧、耘耥、积肥、踩水车、避雨）、庆祝丰收（丰收、挑花篮、打连厢）。群舞阵容由32位演员组成，在展演不同的生产生活环节时展示不同款式的传统服饰。张文焕接到任务后，与时任甪直镇文体中心主任周民森深入交流，很快就画出服饰样稿。张文焕不仅充分应用了苏州甪直水乡妇女服饰的拼接、绲边、绣花等缝制技艺，还充分考虑到了舞台灯光对服饰色彩组合的影响。经创作组专家提出部分修改、完善的意见后，立即投入生产制作。群舞《甪直水乡行》的成功，是创作组集体智慧的结晶，其中生产制作服饰的张文焕同样功不可没。

之后，角直镇文体中心在一年又一年的群众文艺创作过程中，多次邀请张文焕帮忙设计制作演出服装。张文焕忙于服装设计制作事业，甘心“为人作嫁衣”，错过了考虑个人问题的最佳时机，至今仍是单身。不过，张文焕认为，爱要专一，他只有一个爱的目标，那就是他的服装设计事业，他认为这样爱就够了，也无愧自己的人生。

高美云 女，网名冬梅，1964年12月生于独墅湖东岸的车坊乡倪家浜。高中毕业后，于1985年进入车坊乡办布厂——吴县联谊纺织总厂。1987年嫁到车坊乡六店桥村（现为角直镇澄墩村），与石磊结婚。之后，转入吴县城区某宾馆工作。2014年，她开始参加吴文化研究会的各类民间访古活动，先后认识苏州博物馆研究员、中国民俗学会理事、吴文化研究会常务理事沈建东，苏州大学艺术学院硕士生导师李明等吴文化研究专家。

2016年，有一次她跟随吴文化研究会的几位老师来到常熟古玩市场，老师们都根据自己的兴趣爱好在市场内来回穿梭，寻觅钟爱的古玩。李明在一家摊位上看到两双“扳趾头”绣花鞋，建议高美云收下。高美云花了300元买下这两双鞋子。当她拿到手上，正在嫌弃“死人鞋子”时，李明等民俗专家告诉她，鞋子里还保存着红纸头，这是人家结婚的礼鞋，再从花卉图案和精细做工来看，应该是心灵手巧的中年妇女所制作的。高美云第一次听到专家讲解，居然能从鞋子的花样、做工推断出制作者的年龄特征。一双普通的绣花鞋，竟然饱含着丰富的民间民俗。高美云由此想到自己的奶奶、外婆，母亲、婆婆，她们当年穿着的传统服饰确实有所不同；还想到了“苏州角直水乡妇女服饰”已经成为首批国家级非遗代表作；特别想到1991年4月，全国人大常委会原副委员长费孝通视察车坊乡镇工业时，特意与身穿传统水乡妇女服饰的婆婆合影的情景。高美云豁然开朗，意识到流传了几千年的当地传统服饰一定是吴地民俗文化的“活化石”。于是，她开始筹划把民间保存完好的传统服饰收藏起来，留住乡愁。

真要跨出“收藏”这一步，高美云犹豫了。她实在放不下脸面，生怕人家说自己是日子过不下去了，才从事“收旧货”。她请小姐妹帮忙，佯装到车坊田肚浜村庄去观光。在村子里正巧遇上一位80多岁的老奶奶，高美云主动上前搭讪，老奶奶从家里拿出了自己结婚时外婆送给她的一双婚礼鞋。藏了100多年的鞋子，里面的红纸已经褪色，但鞋面上的花卉图案和制作工艺，瞬间打动了高美云。

人在画中游 ◎ 张炎龙

第一次的成功收藏，坚定了高美云的信心。她先在车坊、甪直地区走村串户，逐渐走遍了胜浦、唯亭、斜塘等吴东地区的所有乡村，把吴地劳动人民的精美服饰，一件一件地收藏回家，整理归类。收藏的路并不平坦，高美云记得在甪直一个安置小区，一位老农妇请她帮忙，一起翻箱找衣服，恰巧老人的儿子回家，以为是母亲遇上了骗子，高美云差点儿挨揍。她清楚记得 2018 年 2 月 14 日，到车坊老家安置小区去收购，本以为那里是老乡，家人都在附近，所以没带任何食品，包括矿泉水。在淞泽花园遇上一个老好婆，拿出心爱的老古董，高美云付钱收购后，老好婆热情地说："你等等，隔壁老姐妹也有。"就这样，一位接一位，一天工夫，高美云没喝到一口水，没吃上一口饭，直到傍晚才到家，早已筋疲力尽。当拿出收购的服饰一数，竟然有 35 双鞋子，她开心得不得了，比吃到大鱼大肉都开心。

截至 2024 年春，高美云走了 8 年的收藏之路，耗费了不少精力和财力，抢救性收集到了 1500 多件各类服饰，其中各式各样的绣花鞋就达 400 多双。2023 年 4 月 19 日《姑苏晚报》B08 版以《高美云：用心收藏水乡服饰之美》为标题，介绍了高美云抢救性收集苏州甪直水乡妇女服饰的艰辛历程，褒扬她为保护、传承优秀民俗文化所作的不懈努力。

8 年来，高美云通过搜寻、收藏苏州甪直水乡妇女服饰，了解到了家乡悠久灿烂的民俗文化，获得了无穷无尽的乐趣。如今，高美云自己的身体康复了，还保护与传承了家乡的民俗文化，深感自己所做的一切意义深远。她表示将继续不断地走下去，千万不要让"苏州甪直水乡妇女服饰"这一国家级非遗代表作轻易流失。

任凤金 女，1957 年生于甪直镇陶浜村，原名孙六妹，因家境贫困，四岁就由本镇陆巷村的任姓人家领养，改叫任凤金。她在任家排行老大，十二三岁就跟着养母学做裁剪，她聪明伶俐，一学就会，她缝制的褐腰、包头等，因绣花精致，村里的小姐妹爱不释手。妇女们做的褐腰、包头、褐裙，家里人穿出去，别人会评头品足。任凤金个性要强，虽然表面上不爱跟人争，但暗地里会加把劲，所以她做的水乡服饰，别人会说花绣得好、针脚缝得好，这都是要下功夫的。

任凤金觉得做水乡服饰就是自己喜欢，不图名不图利，别人穿着她做的水乡服饰走出去，大家见了都称赞，她听了也高兴。她还喜欢从前的水乡服饰，甪直有水乡妇女服饰博物馆，但是老款式的还是少。任凤金一旦看到老款式的水乡服饰，喜欢把它复原出来，不让它失传。有一次，她从老姐妹龚阿二那儿看到一件春天穿的时令褂子，就借了来，想方设法买来同样布料，照样子把它做出来。现在老款式的水乡服饰很难觅到了，要么扔掉了，要么烧给去世的老人了，我们要保留一点老祖宗传下来的东西，创新可以，老的也不能丢掉，农村人讲究不能忘本。

现在做水乡服饰，主要还是手工，有纯手工的，也有一半手工一半机缝的。有时活多，时间紧，她拼接缝线就用缝纫机，绣花还是纯手工。绣什么花，怎么绣，她心里有数。她们一帮老姐妹做水乡服饰，用的还是老式缝纫机，有的还是几十年前的结婚嫁妆，舍不得丢。

退休后，她看到连厢队的年轻姐妹们没有水乡服饰，她主动揽活，义务给姐妹们缝制全套水乡服饰。她的妹妹任凤玲，连厢队员王菊英、戴海询等人，跟她学做水乡服饰。任凤金是大家心目中的热心大姐。

任凤金一年要做几十套水乡服饰，都是免费做的。她现在身体不大好，随着年纪大了，她身体状况不行了，还有偏头痛，胆囊在十几年前也被切除了。有次夜里她加班赶制水乡服饰，胆管结石发作，疼痛难忍，去住院挂了几天水，惦记服饰还没做完，不要影响队员去参加连厢比赛，就提前出院，在比赛前做好了水乡服饰。值得欣喜的是，这套水乡服饰在2022年苏州甪直水乡妇女服饰展演暨甪直连厢舞表演大赛中获得“最佳服饰奖”。

任凤金对水乡服饰的传承和发展，也有自己淳朴的想法，她认为现在会做水乡服饰的人还是不多，做得好的更少，她愿意尽一份力，趁做得动的时候，多做几件，多教几个人。穿的人多了，会做的人多了，就能一代一代传下去。她还认为甪直农村很多村庄没有田了，平时穿水乡服饰的人很少见，农村里只有70岁以上的老年妇女，还扎包头，穿大襟衣裳，也不是那种拼接衫，现在生活条件好了，衣裳不打补丁了，不用拼接了。好在每个村都有连厢队，队员从30岁到70岁的都有，打连厢的人越来越多，既能锻炼身体，还能传承非遗。甪直镇文体中心还有水乡文化艺术团，姑娘们经常参加表演和比赛，甪直连厢和甪直水乡妇女服饰都得到了推广，这个方向是对的，是好的。她建议，一是要有培训，培训人做水乡服饰，培训人打连厢；二是要多做宣传，宣传它的特色，宣传它的好处，让年轻人和外地人也接受它，喜欢它，那么，苏州甪直水乡妇女服饰和甪直连厢，就能一直传下去，传开来。

陆雪花 女，1968年生于甪直镇澄湖村包家厍。1986年，18岁的她拜师学艺，正式做起了裁缝。当时从事裁缝行业的，要么是男的，要么是腿脚不便的残疾人，而一个健康漂亮的姑娘从事裁缝，在家里，在村子里，掀起不小的风波。母亲要她放弃这个念头，安安分分进厂上班。陆雪花说："黄金万两，不如一技在身。等我学好裁缝手艺，就能帮家里挣钱，还不会失业。衣食住行，衣排在第一位。"她的执着，得到了家人的理解和支持。

陆雪花觉得祖祖辈辈传下来的甪直水乡妇女服饰，兼具实用和美观，还体现了节俭的美德，相比于现代服饰，特点鲜明，别有韵味。她多次从长辈那儿借来传统服饰，仔细研究，义务给亲友缝制衣裳，虚心听取她们的意见。1998年，甪直镇成立旅游公司，导游和船娘需要穿着传统服饰，一时找不到会做这种服饰的人。陆雪花得知消息，自告奋勇，揽下这笔业务。她精心缝制的水乡服饰，得到旅游公司上下一致好评，更得到了游客的青睐，那些穿着水乡服饰的姑娘，回头率特别高，成为别人镜头里的风景。

陆雪花的老公做大理石生意，收入不错，劝她当全职太太，别做裁缝了。陆雪花说："我做水乡服饰，不仅为了赚钱，我是真心喜欢它。这门手艺不能失传，要让更多的人穿它，让更多人欣赏到它的美。"2000年7月，甪直水乡妇女服饰被专家选定为江苏省唯一的纯汉民族服饰，参加在昆明举办的首届中国民族服装服饰博览会。陆雪花参与缝制的一批水乡服饰，获得了最佳设计奖、最佳表演奖、优秀展品奖和优秀组织奖。专家们认为，这是江南水乡劳动人民最纯粹的汉族服装，在江苏乃至全国，可谓硕果仅存。

2006年5月，"苏州甪直水乡妇女服饰"入选国家级非遗后，陆雪花满是兴奋，她的裁缝作坊，生意越来越红火。她积极参与甪直镇文体中心组织的各类缝制比赛和连厢舞表演，加强与同行的交流合作，取长补短，精益求精。2009年10月，她参加甪直镇文体中心主办的"丰润杯"甪直水乡妇女服饰缝制大赛，荣获拼裆裤类二等奖、卷髈类二等奖、襡裙类一等奖、肚兜类二等奖、襡腰类二等奖、拼接衫类二等奖、包头类二等奖。

为了大力保护和传承非物质文化遗产，甪直镇开展非遗进校园活动。陆雪花自2012年2月起，被甪直镇成人教育中心校聘为水乡服饰制作与表演班的客座教师。对于登上讲台教授自己的绝技，展示自己的才艺，陆雪花倍感自豪。她每周到学校教授6堂课，在手把手的精心教导下，学生们

基本掌握了拼接、绲边、绣花等多种缝纫技艺，对水乡服饰产生了浓厚兴趣，对水乡服饰的传统文化有了更深的领悟，对家乡也多了一份热爱。

陆雪花从事苏州甪直水乡妇女服饰制作，已有 30 多年。她制作的水乡服饰，款式多样，做工精细，深受大家喜爱。2015 年 10 月，她在“巾帼立新功，共建新吴中”吴中区“好勤嫂”家政技能比赛中荣获一等奖。她除了认真做好裁缝这个本行外，还是甪直镇张林村连厢队的队长，她本人几乎每次都应邀参加甪直镇的重大民间文艺演出。她还随甪直水乡文化艺术团三次进京，多次参加中央电视台的文艺活动。

陆雪花认为，苏州甪直水乡妇女服饰富有地方特色，又不失时尚，整套做下来也就一千多元，还不如一件名牌服饰的价格，因此，苏州甪直水乡妇女服饰要树立品牌意识，适当改良款式，开拓网上销售渠道，让它走出甪直，走向市场，在新时代焕发新活力。

周金海　1966 年 1 月生于甪直镇淞浦村东关。1981 年他拜师学艺，1984 年艺成出师，独立开裁缝店谋生。2000 年裁缝店搬到甪直集贸市场商铺，2017 年起，在甪直镇文体中心的组织安排下，他与赵美玲等师傅每周轮流在苏州甪直水乡妇女服饰传习所开展传习工作，现场制作水乡服饰，

甪直水乡妇女在第八届中国民间文艺『山花奖』颁奖晚会上表演民间文艺打连厢
© 周民森

传承服饰文化。

2018年，周金海参与制作的苏州甪直水乡妇女创新服饰，亮相国际旅游小姐大赛决赛。2020年6月，他的作品获第三届苏州甪直水乡妇女服饰缝制大赛二等奖和最佳创意奖。10月，他制作的水乡服饰作品《青莲衫子藕荷裳》（五件套）荣获苏州市文学艺术界联合会和苏州市民间文艺家协会主办的苏州市民间文艺（民间工艺类）创作推优二类优秀作品。2022年起，他多次应邀在苏州工业园区海归人才子女学校、吴文化博物馆作"苏州甪直水乡妇女服饰制作技艺"的非遗讲座。甪直镇的非遗集市、苏州媒体的专题采访，都有他熟练制作和侃侃而谈的身影。

一方水土养一方人，服饰文化也是当地人文历史的见证。苏州甪直水乡妇女服饰是独具特色的江南水乡地区代表性服饰，是劳动人民智慧的结晶。然而，在日新月异的新时代，传统技艺往往面临生存危机和发展瓶颈。周金海一方面继承传统，另一方面也在思考如何创新。年轻人是未来，是希望，只有年轻人喜欢，这项非遗才能继往开来，才能迸发生机活力。

苏州甪直水乡妇女服饰能否开发文创产品，以顺应年轻人的审美需求？周金海在学校和社区参加非遗活动时，推出了自己设计制作的几套微

2014年周民森带领甪直水乡文化艺术团应邀参加湖北卫视《我爱我的祖国》栏目活动，介绍苏州甪直水乡妇女服饰的传承与创新举措
© 费玲玲

南布

缩版的水乡服饰，不仅尺寸缩小，还添加了不少可爱的卡通元素，试探市场反应。果然，他别出心裁的设计，配上他细致入微的讲解，吸引了不少家长和孩子的关注。创新有戏！周金海有了信心。他在裁缝店里，陈列出一套套专为孩子们设计的“Q 版”水乡服饰。有的小襡裙添加了小朋友喜欢的卡通图案，有的加了一些“中国风”花纹，满足爱好古琴小孩表演的需要。在保留甪直水乡妇女服饰拼接、绲边、绣花等传统工艺的基础上，根据顾客的不同需求进行改良，添加动漫角色、表情符号等活泼可爱的图案，让服饰更加生动、有趣、个性化。

老裁缝按需定制，玩出了新花样。“Q 版”水乡妇女服饰，虽然与传统服饰有所不同，但在制作工艺和文化内涵上一脉相承，突破了原有的穿着和展示功能，成为可以收藏和馈赠的文创产品，受到了广泛关注，收获了许多好评。

守正创新，正是我们传承、弘扬特色非遗，树立地区文化自信，开创文化事业高质量发展新局面的光明大道。2018 年 4 月，苏州甪直水乡妇女服饰亮相国际旅游小姐大赛决赛，参赛选手在决赛现场分别穿着精心制作、独具韵味的传统款和创新款水乡服饰，使苏州甪直水乡妇女服饰惊艳世界。

2019 年 4 月，吴中区委宣传部率队赴甪直镇调研标志性文化项目苏州甪直水乡妇女服饰，为甪直水乡妇女服饰的生存与发展出谋划策。10 月，“苏作文创”峰会甪直分会活动，展示了水乡服饰模特秀，发布了水乡服饰文创产品，在传统服饰的基础上改良、创新，使之成为满足新时代顾客审美需求的服饰新时尚，为传承苏州甪直水乡妇女服饰的民俗文化，拓展苏州甪直水乡妇女服饰的发展空间，作出了积极有效的探索。

2020 年 10 月，甪直镇文体中心与苏州大学艺术学院服装设计专业联合开展的首届苏州甪直水乡妇女服饰创意设计大赛，让传统缝制者大开眼界，大力推动苏州甪直水乡妇女服饰文化的传承创新和创意产业的发展，为苏州甪直水乡妇女服饰未来市场化、时尚化、品牌化的探索之路，贡献新生力量。

第九章 特色活动拾锦

苏州市吴中区角直镇以“苏州角直水乡妇女服饰”为主题的宣传活动，最早要数1998年10月举办的首届“中国·苏州角直水乡妇女服饰文化旅游节”。从此，全镇各相关部门，相关行政村、社区，纷纷以“角直水乡妇女服饰”为特色文化品牌，组织开展了富有特色的系列活动，有效保护、传承了苏州角直水乡妇女服饰的民俗文化。

第一节 中国·苏州角直水乡妇女服饰文化旅游节

角直古镇是具有2500多年悠久历史的江南名镇，是首批江苏省历史文化名镇，也是首批中国历史文化名镇。早在改革开放初期，就有很多上海游客慕名来到角直古镇游览。当年，角直镇党委、政府以“保护古镇，开发新区”为战略目标，大力发展乡镇企业和外向型经济，使角直镇成为苏州地区，乃至江苏著名的经济发达重镇。之后，周庄等古镇的旅游产业蓬勃发展，文化旅游成为潜力巨大的朝阳产业。角直镇从1998年开始成立角直旅游发展有限公司，同年10月在“角直古镇”牌楼前，隆重举行了“中国·苏州角直水乡妇女服饰文化旅游节”。在这次旅游节上，“角直水乡妇女服饰”初次亮相，旗开得胜，为未来的传承发展，做好了铺垫工作。

身穿传统服饰的妇女们，有的挑着花篮，有的打起连厢，有的唱着山歌，活跃在主会场外围的街巷，不仅为首届旅游节营造了浓厚的氛围，还凸显了角直文化旅游的特色品牌。

苏州角直水乡妇女服饰，是吴文化一颗璀璨的明珠，是首批国家级非物质文化遗产。角直镇全力打造“角直水乡妇女服饰”文旅品牌，一届又一届的“中国·苏州角直水乡妇女服饰文化旅游节”，成为国内具有鲜明特色和一定知名度的品牌节庆活动。

2010 年是吴中太湖旅游世博年，角直作为吴中世博旅游第一站，以深厚的文化底蕴、淳朴的风情风貌、靓丽多姿的水乡服饰，成功入选了“长三角世博体验之旅示范点”。自世博会开幕以来，接待了众多的海内外世博游客，外宾接待量更是创历史新高，角直古镇已成为长三角地区接受世博辐射效果最为明显的景区之一。是年 9 月 19 日，第八届中国·苏州角直

2008年中国·苏州甪直水乡妇女服饰文化旅游节
© 周民森

水乡妇女服饰文化旅游节在甪直江南文化园隆重开幕！

开幕式上，展现了古镇多样文化元素，在璀璨夜色的映衬下，感受着江南文化园的壮美气势，千年古镇愈加魅力四射。开幕式上甪直镇政府接受了著名影星萧芳芳捐赠的终身成就奖奖杯，并举行了“2010品牌中国（县域旅游）十大品牌景区”和“2010年度最负盛名景区”的揭牌仪式。一台苏州甪直水乡妇女服饰文化旅游节文艺晚会则将开幕式推向了高潮，晚会用丰富的表现形式展示了甪直的民风民俗，弘扬了古镇人文精神和优秀的历史文化。独具江南水乡特色的服饰秀舞蹈、国际知名艺术团队精彩的民俗风情展示，以及来自亚洲各知名主持人的倾情演绎，成为开幕式晚会的一道道亮点。

甪直喜获品牌中国产业联盟授予的“2010品牌中国（县域旅游）十大品牌景区”称号。当日，甪直江南文化园正式开园并免费对外开放。这是一个集休闲、娱乐、观光于一体的，具有江南水乡特色的古典式园林，园内规划建有甪直水乡妇女服饰博物馆、甪直历史文物馆等景点。

第八届中国·苏州甪直水乡妇女服饰文化旅游节至2010年10月31日结束，活动期间推出打连厢、水上婚礼、评弹、江南丝竹、民间舞狮舞龙等民俗表演和编草鞋、刺绣、书画、织土布等民间手工艺展示，全方位展现古镇绚丽多姿的民风民俗。

非遗，是技术和艺术的完美结合。民间往往藏龙卧虎，工匠精神也在民间艺人手中体现得淋漓尽致。2019年，正值中华人民共和国成立70周年，第十七届苏州市民间艺术节暨第九届苏州甪直水乡妇女服饰文化旅游节，在"神州水乡第一镇"甪直举办。这是文化艺术的盛会、人民群众的节日，是群英荟萃的苏州市文联和热情好客的甪直人民，为广大人民群众奉上的精神大餐。苏州地区各门类的民间艺术和丰富多彩的民俗文化，与苏州甪直水乡妇女服饰文化相得益彰，携手并进。

2020年10月，第十八届苏州市民间艺术节暨第十届苏州甪直水乡妇女服饰文化旅游节在甪直镇江南文化园举行。2021年，甪直镇举办了第十一

小憩
© 周民森

届苏州甪直水乡妇女服饰文化旅游节，隆重庆祝中国共产党建党100周年和新中国成立72周年，展示甪直水乡妇女服饰朴素简约的艺术风格，共同体验古镇甪直的秀丽风光。

第十一届苏州甪直水乡妇女服饰文化旅游节在展示苏州甪直水乡妇女服饰和甪直连厢的基础上，还组织了丰富多彩的非遗技艺展示和精彩纷呈的民间文艺表演，有甪直美味、甪直宣卷、甪直山歌，还有颂扬中国共产党带领全国各族人民翻身解放、脱贫致富奔小康的“剧忆党史·甪直红云”主题专场文艺演出。

苏州市吴中区甪直镇，历史悠久，文化厚重，以农耕文化和手工业支撑地区发展，历经汉、晋、唐、宋的不断积累，兴盛于明清，繁荣于当下，传统文化根深叶茂。与农耕文化相伴而生的苏州甪直水乡妇女服饰和甪直连厢等民俗文化，已有几千年的历史，凝聚了劳动人民的智慧，反映了人民群众追求幸福生活的美好愿望。这是民间艺术的精华，是把生活过成艺术的生动写照。

长期以来，甪直镇依托丰富的江南文化和旅游元素，注重文旅融合，坚持文化惠民，在保护中传承，在传承中弘扬，推陈出新，交相辉映。苏州甪直水乡妇女服饰文化表演队的妇女们，穿着水乡服饰，多次应邀参加省内外的各类民间文艺活动，荣获了各类金奖和银奖，为家乡甪直添彩增光。

第二节　苏州甪直水乡妇女服饰文化展演大赛

党的十一届三中全会以来，年轻一代的农民相继告别农田，走进了乡镇企业，追求着崭新的令人向往的生活。部分乡村的农妇也组织起了连厢队，自娱自乐，主要出现在民间庙会等场所。

20世纪90年代末，甪直镇党委、政府就致力发展文化旅游产业。在上级文化部门的指导下，从2000年开始，甪直镇文化站和镇妇联等部门把甪直水乡妇女服饰展示与连厢表演和谐地糅合在一起，要求打连厢的队员必须穿上传统服饰参加镇文化旅游活动，打造甪直的特色文化品牌。从此，“草根文化”的表演，吸引了众多媒体的视点。广大农妇看到报纸、电视的报道，跃跃欲试，激情澎湃。

为进一步弘扬优秀民族民间文化，着力打造甪直水乡妇女服饰文化特

色品牌，2005 年 4 月，甪直镇文体中心与镇妇联为深入宣传和弘扬甪直水乡妇女服饰文化，积极配合，广泛发动，鼓励全镇妇女自愿结合，以 8—12 人为一支队伍，身穿传统服饰，表演自己最拿手的打连厢、挑花篮、唱山歌、说快板等民间艺术形式。5 月 20 日，“2005 甪直水乡妇女服饰文化展演大赛”在保圣寺草地上隆重举行。甪直片区 11 个行政村（社区）的 20 多支队伍报名参赛，生动展示了江南水乡服饰文化的特色内涵，较好地实现了优秀民族文化与时代精神的有机结合，热情讴歌了改革开放和党的富民政策，充分展示了人民群众崭新的精神风貌。

活动之后，主办方对所有参赛队伍一一点评，让全镇农妇互相学习，取长补短。从此，每年一届的苏州甪直水乡妇女服饰文化展演大赛，成了全镇妇女翘首以待的大事、喜事。甪直水乡妇女服饰在一届届展演大赛中淋漓尽致地展示了它的丰富内容、基本特征和特色民俗。该传统农村妇女

2005年首次举办的苏州甪直水乡妇女服饰文化展演大赛
© 周民森

服饰被列为“国宝”以后，甪直的群文工作者琢磨着、梦想着让甪直农妇的民间文艺登上大雅之堂，演到首都北京！

2006年中央电视台为举办“2006中国民族民间歌舞盛典”，《民歌·中国》栏目奔赴全国各地采风。7月16日摄制组受苏州市文广局社文处领导推荐，慕名来到甪直。甪直镇文体中心接到消息后，提前从全镇20来支村级业余团队中精选4支业余连厢队，供中央电视台摄制组采访、拍摄。周民森不仅在拍摄期间积极推介甪直连厢的表演形式，更推介国家级非遗代表作“苏州甪直水乡妇女服饰”的特色文化，在日后还主动联系编导，不断改进提高。2006年10月，甪直农妇开展的民间文艺终于应中央电视台、中国音乐家协会、中国舞蹈家协会邀请走出乡村，来到了北京，走进了中央电视台一号演播厅，与全国各民族代表一起参加了中央电视台“2006中国民族民间歌舞盛典”。

甪直农妇上央视，是甪直镇群文工作的一大奇迹，在甪直农妇中产生了极其深远的影响。甪直镇文体中心抓住机遇，不断推进保护与传承工作。公开选拔外出表演者的做法，深受妇女们的信赖，大家争相仿效，争先恐后。甪直连厢全民普及，苏州甪直水乡妇女服饰集体传承，盛况空前。

2007 年 2 月，“九亿农民的笑声”——2007 年全国农民春节联欢晚会；2007 年 11 月，第八届中国民间文艺“山花奖”颁奖典礼；2010 年 5 月，中央电视台“第二届中国民族民间歌舞盛典”……都有甪直水乡妇女的身影。

从 2005 年 5 月至今，甪直镇每年举办苏州甪直水乡妇女服饰文化展演暨甪直连厢舞表演大赛。从 2006 年 10 月开始，苏州甪直水乡妇女服饰文化展演的特色民间文艺，先后 10 次应邀参加中央电视台主办的全国性文化活动，已经成为吴中区，乃至苏州市的一张靓丽文化名片。目前，全镇已经有近百支业余表演队、上千位业余爱好者自娱自乐，乐此不疲。在美丽的乡村里，时时飞出欢乐的赞歌。

苏州甪直水乡妇女服饰文化展演暨甪直连厢舞大赛
© 周民森

附：

2014年角直水乡妇女服饰表演队队长一览表（排列不分先后）

序号	队长	性别	行政村	序号	队长	性别	行政村
1	顾培珍	女	甫南村	14	陆菊英	女	淞南村
2	马三妹	女	甫南村	15	顾冬宝	女	淞南村
3	费风花	女	甫南村	16	孙雪金	女	甫里村
4	顾小林	女	甫南村	17	龚阿二	女	甫港村
5	金秋妹	女	甫田村	18	朱彩英	女	甫港村
6	谢建英	女	甫田村	19	胡梅珍	女	甫港村
7	金林英	女	甫田村	20	陆雪花	女	澄湖村
8	马阿六	女	江湾村	21	王满仙	女	澄东村
9	张美英	女	淞浦村	22	马冬梅	女	澄东村
10	缪卫忠	男	淞浦村	23	张多英	女	澄北村
11	张建花	女	淞港村	24	李　红	女	保圣社区
12	张引花	女	淞港村	25	朱幼之	男	保圣社区
13	郭耀琴	女	淞南村	26	严小妹	女	保圣社区

2023年角直镇连厢队队长一览表（排列不分先后）

序号	名称	姓名	序号	名称	姓名
1	保圣社区角韵连厢队	李　红	12	淞南村迎风飞舞连厢队	陆雪英
2	鸿运社区花样姐妹连厢队	邱雪妹	13	淞南村一角芳华连厢队	顾杏花
3	澄东村庆丰田东连厢队	钱杏花	14	淞浦村夕阳红连厢队	肖花英
4	澄东村凌塘连厢队	李林妹	15	甫里社区张巷连厢队	沈密珍
5	澄东村西塘连厢队	王满仙	16	龙潭社区龙潭启航连厢队	李　芳
6	甫田村飘逸连厢队	邹冬英	17	淞港村幺妹连厢队	居花英
7	澄北村张多英连厢队	张多英	18	瑶盛村瑶盛村赞头连厢队	周三妹
8	澄湖村澄乡连厢队	仲春香	19	江湾村江湾村连厢队	居美玲
9	淞南村西江浜快乐连厢队	盛培珍	20	甫港村舞动之花连厢队	胡梅珍
10	淞南村阳光连厢队	沈培花	21	甫港村严家厍连厢队	朱彩英
11	淞南村时代姐妹花连厢队	王培英	22	维乐社区连厢舞队	陈桂华

苏州甪直水乡妇女服饰缝制大赛颁奖仪式掠影
© 周民森

第三节　苏州甪直水乡妇女服饰缝制大赛

进入非物质文化遗产保护名录的各级各类非物质文化遗产代表作，普遍存在离我们远去的风险，苏州甪直水乡妇女服饰也不例外。而苏州甪直水乡妇女服饰是吴东地区劳动妇女的服饰，基本上都是农妇们自己裁缝、制作成衣的。千百年来，苏州甪直水乡妇女服饰之所以能够传承不息，主要在于它的实用性、功利性、民俗性。

据老一辈回忆，该传统服饰适合稻作农业生产，接袖、掼肩都是出于实际需要。农闲时，妇女们普遍留在家里做针线活，把农忙时节穿破的衣服拿出来，拼拼凑凑，缝缝补补。有条件的买点新布，做点新衣服。过去，特别是在寒冬腊月，邻里乡亲三五成群聚集在一起，晒晒太阳，做做针线，有时还要互相切磋，比学赶超。“背心对墙头，面孔对日头（太阳），双腿夹钵头（取

暖的脚炉之类），手里捏针头。”该顺口溜就是最形象的写照。

“苏州甪直水乡妇女服饰”被列入国家级非物质文化遗产保护名录后，甪直地区从事农业生产的劳动者越来越少，主动穿着者更是少之又少。特别是擅长裁剪缝制该传统服饰的老裁缝、老农妇年事已高，其中好几位已经相继去世。怎样让这些传统技艺继续传承？2009年3月，甪直镇文体中心主任周民森与苏州丰润房地产有限公司金冬明商量，得到了民营企业家支持。经甪直镇人民政府同意，在全镇范围内组织开展“丰润杯”甪直水乡妇女服饰缝制大赛，旨在发现缝制高手，加强传承保护，繁荣人民群众的精神文化生活，推进社会主义新农村建设。截至9月底，全镇（含车坊办事处辖区）共有近30位选手参赛，收到参赛作品100多件，其中，包头12个，拼接衫18件，拼裆裤10条，肚兜10个，绣花鞋8双，襡裙10条，襡腰21条，卷髅7个，还有桃帽1顶，衬头4个。

2009年10月，由甪直镇人民政府主办，镇文体中心、镇妇联承办，苏州丰润房地产有限公司友情赞助的“2009 年‘丰润杯’甪直水乡妇女服饰缝制大赛”，在甪直风景区保圣寺大院举行隆重的颁奖仪式。

在颁奖仪式开始前，龚阿二、陆雪花、沈惠娟等 10 多名一、二等奖获得者，现场露了一手“绝活”。有的做拼接衫，有的做绣花鞋，有的做襡裙……她们飞针走线、巧缝妙绣的精彩表演获得广大同行和游客的啧啧称赞。

“丰润杯”甪直水乡妇女服饰缝制大赛早已在欢笑声中降下帷幕，师傅们捧着奖状，满心喜悦，已经成为美好记忆。保护与传承苏州甪直水乡妇女服饰的传帮带、结对子、比技艺等传承人培养机制正在不断完善。保护文化遗产除了靠国家的政策扶持，地方政府的大力倡导外，最根本的保护力量应该来自民间，来自热爱祖国文化遗产的每一个人。

之后，甪直镇文体中心会同镇妇联，共同承办了 2012 年苏州甪直水乡妇女服饰缝制大赛、2020 年苏州甪直水乡妇女服饰缝制大赛等多届赛事，挖掘、培养了一批批缝制爱好者。

2012 年 12 月 18 日下午，2012 年苏州甪直水乡妇女服饰缝制大赛在镇文体中心顺利举行。周民森、赵金香等水乡服饰行家参加了大赛的评比活

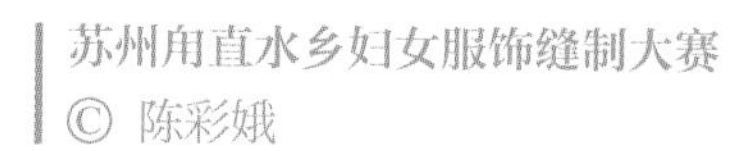

苏州甪直水乡妇女服饰缝制大赛
© 陈彩娥

动。这届缝制大赛，吸引了角直镇23位水乡妇女服饰缝制能手参加，参赛作品除了大襟拼接衫、襡裙、绣花鞋等服饰外，还有衬头、乌斗帽、桃帽等水乡服饰的附件作品，新老作品共计185件。通过专家组认真评比，评出大襟拼接衫、襡裙、包头等优秀奖20件，纪念奖160多件，并颁发了荣誉证书和奖金。

2020年6月12日，第三届苏州角直水乡妇女服饰缝制大赛在江南文化园举行，由吴中区角直镇人民政府主办，角直镇文体中心承办，角直镇民间文艺协会协办。比赛内容分为传统技艺赛和创意表演赛，选手可以参加任意一项比赛，或同时参加两项比赛。其中，传统技艺赛，各参赛选手在比赛前一周向组委会提交作品，由专家评委现场打分评比；创意表演赛，参赛选手进行现场创意表演，在规定时间内完成一件水乡服饰文创类作品，由专家评委现场打分评比。

多年来，全镇发现、培养了一批缝制能手。

附：

2020年苏州角直水乡妇女服饰传习所缝制人员表（排列不分先后）

序号	姓 名	行政村	序号	姓 名	行政村
1	龚阿二	甫港村	14	陆香花	澄湖村
2	任凤金	甫田村	15	陆菊花	澄湖村
3	费凤花	甫南村	16	顾秀金	澄湖村
4	费香花	甫南村	17	包梅珍	澄湖村
5	周金海	淞浦村	18	顾雪琴	澄湖村
6	王伟英	淞浦村	19	王生花	澄湖村
7	陈林仙	淞浦村	20	包林宝	澄湖村
8	赵美玲	淞浦村	21	汤静芬	澄湖村
9	陆雪花	澄湖村	22	王水仙	澄湖村
10	任琴英	澄湖村	23	沈惠娟	澄湖村
11	陆梅英	澄湖村	24	屈水香	澄湖村
12	龚建英	澄湖村	25	孙桃花	淞南村
13	徐梅珍	澄湖村			

第四节　苏州市吴中区甪直镇非遗文化宣传周

我国从2006年起设立“文化遗产日”，甪直镇文体中心就每年组织甪直水乡妇女服饰文化表演赛开展纪念活动。自2017年起，我国将每年6月第二个星期六确定为“文化遗产日”，之后调整设立为“文化和自然遗产日”。

2018年至2023年甪直镇文体中心的“文化和自然遗产日”期间，甪直镇共举办了6届甪直镇非遗文化宣传周活动。每一届非遗文化宣传周，活动丰富多彩，除了游园活动外，都有苏州甪直水乡妇女服饰文化展示展演。此外，还有甪直宣卷展演、非遗讲座、特色非遗产品售卖、猜灯谜、竹篾展演、甪直山歌会、非遗文化培训等。

甪直的历史源远流长，而在光阴沉淀中脱颖而出的非物质文化遗产，是传统文化的无价瑰宝，是地方文化的鲜明见证，是人类文明进程中最具代表性、最精华的篇章。以“苏州甪直水乡妇女服饰”为代表的多个非遗项目，分别入选国家级、省级、市区级非遗代表作名录，并在各级的展演和竞赛中不断为家乡赢得荣誉。水乡甪直，日益成为全国游客慕名而来的“诗与远方”。

美丽的甪直让人心驰神往，富饶的甪直让人刮目相看，而充满文化底蕴的甪直，更加让人流连忘返。岁月悠悠，勤劳而智慧的甪直人民，不断创造着丰功伟绩，不断涌现着能工巧匠。非遗文化，与我们的社会生活息息相关，既凝聚着精益求精的工匠精神，也凝结着浓得化不开的故乡情怀。举办非遗文化宣传周活动，继承发扬甪直的非遗文化，既是我们义不容辞的责任担当，也是我们当代人刻不容缓的历史使命。

非遗不只是供参观的摆设，也不只是博物馆里供人瞻仰的古董，而是人类文化的精髓、智慧的结晶。非遗源于生活，也早就融入了生活，成为现代人生活的一部分。入选首批国家级非遗名录的“苏州甪直水乡妇女服饰”，是千百年来甪直劳动妇女顺应生产生活的需要，逐渐创造、完善而成的，是江南地区汉民族服饰的杰出代表。入选省级非遗名录的甪直连厢，具有深远的历史渊源和广泛的群众基础。多年来，苏州甪直水乡妇女服饰和甪直连厢珠联璧合，相得益彰，曾经十进央视，美名远扬，为吴中争光，为苏州添彩。

高手在民间，弘扬在今天，希望在明天。非遗的传承，不是一成不变的，而要与时俱进。如何在保护中传承，在传承中弘扬，是当代持之以恒探索的课题。角直镇改良苏州角直水乡妇女服饰，新编连厢节目，都是为了让非遗点亮生活，让非遗健康成长，扬帆远航。

角直这方温润的水土，既滋养着世世代代的角直人，也滋养着丰富多彩的角直非遗文化。如今，角直妇女穿着传统水乡服饰打连厢，已成为角直街头一道亮丽的风景线，亦已成为角直的特色文化品牌。在非遗文化宣传周上，观众不但可以欣赏，还可以体验，尽情享受非遗文化的无穷魅力，留下美好难忘的欢乐时光。

角直镇的非遗宣传活动，不仅践行着"在保护中传承，在传承中弘扬"的发展理念，更让传统的非遗丰富着当代人的精神家园。

第五节　苏州角直水乡妇女服饰创意设计大赛

为了苏州角直水乡妇女服饰的守正创新，彰显该传统服饰的色彩组合、拼接特征、缝制技艺等民俗民间文化特色，创意设计既有传统特色又有现代时尚元素的新款服饰，推动角直镇文化创意产业的发展。同时，挖掘和培育服饰设计类专业人才，让国家级非遗"苏州角直水乡妇女服饰"为新时代服饰行业发展贡献创新设计力量。2020 年，苏州市吴中区角直镇文体中心与苏州大学艺术研究院联合主办了首届苏州角直水乡妇女服饰创意设计大赛。角直镇文体中心与苏州大学艺术研究院时尚艺术研究中心联合承办。大赛得到了苏州大学艺术学院、江南大学纺织科学与工程学院、东华大学服装与艺术设计学院、浙江理工大学服装学院、湖州师范学院、苏州市职业大学艺术学院、苏州大学文正学院（今苏州城市学院）、苏州大学应用技术学院、苏州工艺美术职业技术学院、苏州经贸职业技术学院的大力支持。

大赛设立了专业评审委员会，评委由国内知名服装专家教授、流行趋势研究专家、著名设计师等组成。

大赛明确了参赛条件为国内外设计专业机构、院校师生及独立设计师等均可参加。参赛作品须为参赛者自行设计或制作，大赛组委会不负责参

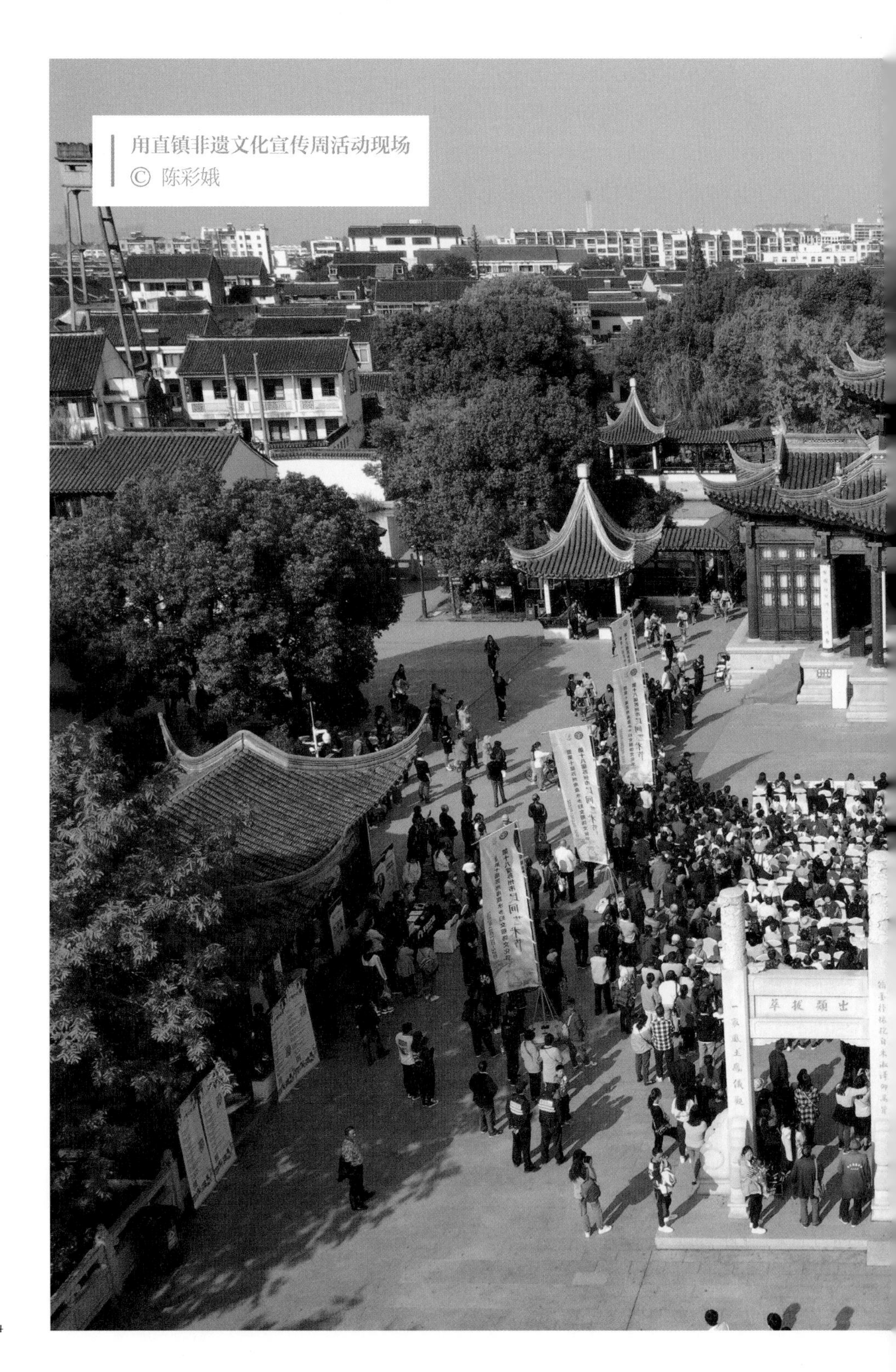

甪直镇非遗文化宣传周活动现场

© 陈彩娥

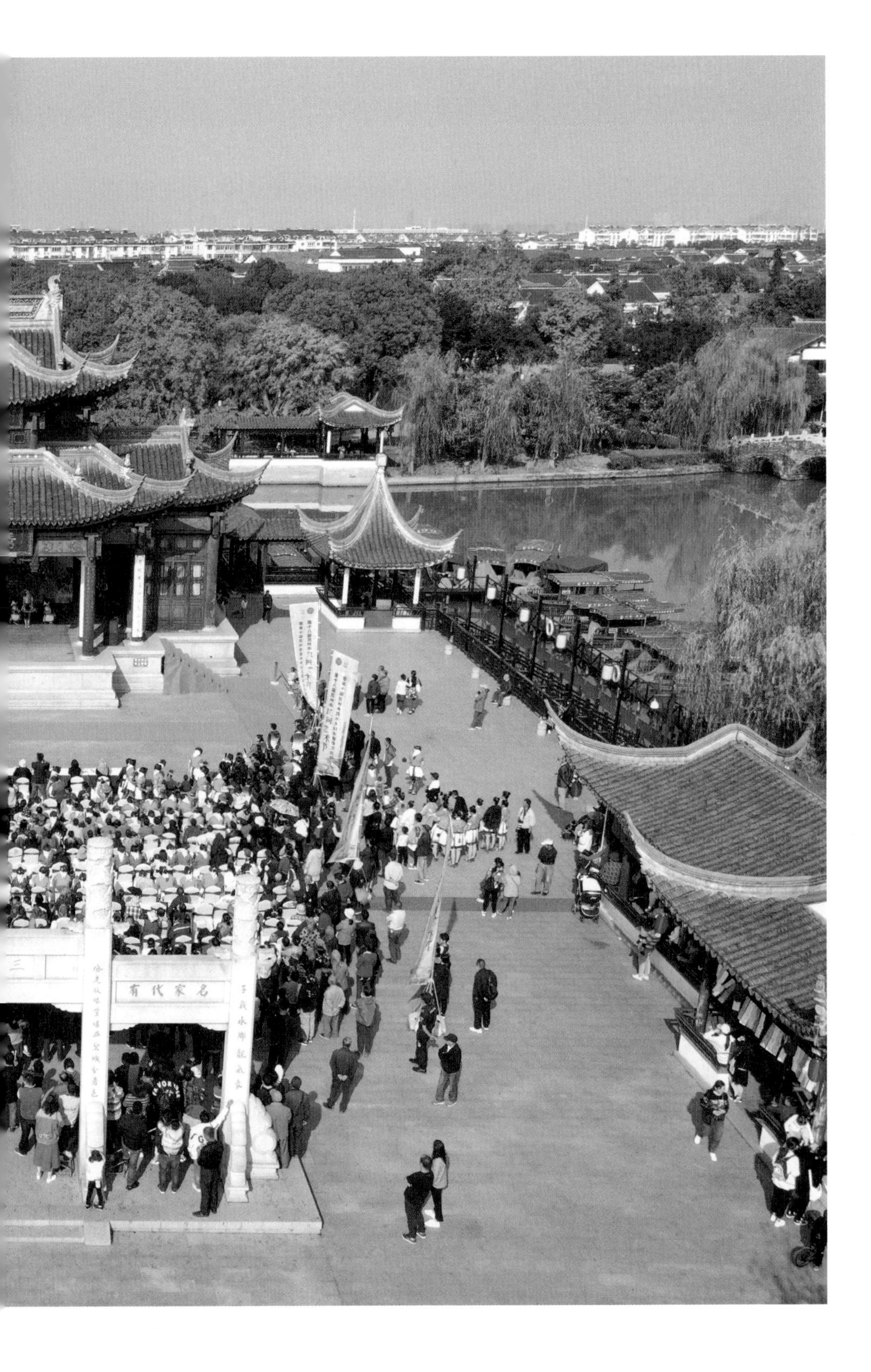
名家代有

赛者对参赛作品著作权的核实，若发生相关知识产权纠纷，由参赛者自行承担相应法律责任，同时组委会有权取消其参赛资格。大赛还明确参赛者必须以苏州甪直水乡妇女服饰作为研究对象和设计灵感来源，运用其拼接、绲边、刺绣等多种手工加工技艺，凸显包头、大襟纽襻、拼接衣裤、绣裥、褶裙、褶腰、百衲绣花鞋、胸兜、卷髈等典型特征，结合现代服饰对苏州水乡服饰进行创新和改良设计，使其既保有原有服饰元素，也符合现代人的服饰审美观念。

至 9 月 30 日投稿截止日，收到江南大学、北京服装学院、四川大学、南京艺术学院、湖南工商大学、温州大学、苏州大学、武汉纺织大学、西安美术学院、东北师范大学、上海工程技术大学、美国旧金山艺术大学等 70 多所国内外大学的设计稿件，共计 827 份。

2020 年 10 月 10 日下午，首届苏州甪直水乡妇女服饰创意设计大赛评选会在苏州市吴中区甪直镇甪呦呦成长社区举行。中国服装设计师协会副主席李超德、苏州大学艺术研究院副院长李正、苏州市积玉轩美术馆馆长陈二夫、吴中区甪直镇民间文艺协会会长周民森等由国内知名服装专家教

不同年龄女子的甪直水乡服饰
© 陈彩娥

角直水乡文化艺术团应邀参加南京博物院端午节活动
© 周民森

授、流行趋势研究专家、著名设计师、吴地文化名家组成的专业评审委员会进行现场评选。

本次大赛共设置了特等奖、一等奖、二等奖、三等奖、时尚创意奖、文化传承奖、优秀入围奖七个奖项，大赛还设置了优秀组织奖若干。现场专家评委依照公开、公平、公正的原则进行了评选，共有 55 件作品入围获奖。

随后，首届苏州角直水乡妇女服饰创意设计大赛组委会，遴选了部分获奖作品，诚邀苏州圣巧依服饰有限公司和苏州角直水乡妇女服饰传习所制作成品样衣。10 月 23 日下午，在第十八届苏州市民间艺术节暨第十届苏州角直水乡妇女服饰文化旅游节上，在江南文化园古戏台举行隆重的颁奖典礼，还邀请模特一展苏州角直水乡妇女服饰的文化风采。

创新设计的水乡服饰 © 徐建宁

• 获奖作品名单 •

01 特等奖作品：《甪水情缘》，作者：曲艺彬、岳满
02 一等奖作品：《梦入水乡夜》，作者：孙怡静
03 一等奖作品：《乡思渔歌》，作者：罗欢、周子渲
04 一等奖作品：《回廊挂花》，作者：龚瑜璋、景阳蓝
05 二等奖作品：《甪甪万乡》，作者：崔英、陈旭展
06 二等奖作品：《水的衣裳》，作者：王晨阳
07 二等奖作品：《江南伊人》，作者：王欢
08 二等奖作品：《含情脉脉》，作者：夏如玥、孙欣晔
09 二等奖作品：《怀梦之泽》，作者：陈文静
10 二等奖作品：《甪语新声》，作者：张彩念
11 三等奖作品：《澜》，作者：孙路苹、吴亚敏
12 三等奖作品：《水染》，作者：余锦何
13 三等奖作品：《承·浸》，作者：张悦欣
14 三等奖作品：《一衣带水》，作者：张鸣艳
15 三等奖作品：《古韵新风》，作者：李潇鹏
16 三等奖作品：《灵动水乡，优雅甪直》，作者：沈彬
17 三等奖作品：《探索》，作者：刘湘
18 三等奖作品：《邂逅梦里水乡》，作者：翟嘉艺、王胜伟
19 三等奖作品：《忆水乡间》，作者：林嘉欣
20 三等奖作品：《Lu-Pendosa（融合）》，作者：David（大卫）、Nombongo（诺曼）

• 优秀组织奖名单 •

湖南工程学院
桂林理工大学
成都银杏酒店管理学院
合肥师范学院
苏州大学
苏州市职业大学
常熟理工学院
咸阳师范学院
南昌工学院
湖北工程学院

后 记

苏州甪直水乡妇女服饰作为汉民族劳动人民服饰的杰出代表，以悠久的历史、鲜明的特色、丰富的文化意涵，2006年被列入首批国家级非物质文化遗产名录。甪直镇文体中心作为该非遗项目的保护实施单位，得到了地方党委、政府的重视和关心，在市、区文化主管部门的热忱指导下，开展了一系列的调查研究、收集整理、保护传承等基础性工作，取得了不错的成绩。为了更好地保护、传承和弘扬甪直水乡妇女服饰文化，决定编写一本关于苏州甪直水乡妇女服饰的图书。

2023年7月，甪直镇文体中心负责人朱燕君与甪直镇文体中心原主任、现任甪直镇民间文艺协会会长周民森协商，希望他能主持编纂工作。基于家乡情结和文化情怀，双方很快达成共识，迅速组建编纂委员会。经周民森诚挚邀请，德高望重的民族服饰研究专家魏采苹愉快地出任本书编纂委员会顾问。

编委会想方设法收集资料，反复讨论，拟订目录。2023年10月18日，邀请苏州吴地民俗文化专家张志新、李福康、马觐伯、杨海仁、吴兵、董兴国、刘惟亚、严焕文等10多位老同志，相聚甪直镇叶圣陶研究中心圣陶讲堂，举行《苏州甪直水乡妇女服饰》编纂工作研讨会。周民森回顾了“苏州甪直水乡妇女服饰”申报国家级非遗的艰辛历程，强调它的流布区域是以甪直为中心的约360平方千米的吴东乡村，鉴于它的文化土壤和地方特色，他建议把“苏州甪直水乡妇女服饰”作为副书名，书名选用“吾乡吾衣”，以寄托吴东地区人民浓郁的乡情与乡愁。

苏州甪直水乡妇女服饰是吴东地区稻作农业经济时代的产物，是我国悠久灿烂的文化遗产之一，也是吴文化中活态传承至今的文化瑰宝。编纂《吾乡吾衣：苏州甪直水乡妇女服饰》一书，不仅是甪直镇历任文化工作者的执着追求，也是大家的共同心愿。与会专家充分肯定了近20年来甪直镇对非遗的保护和传承所做的努力，并对书稿的章节策划、内容编写提出了中肯的建议，纷纷表示愿意为该书的编写提供力所能及的帮助。

原吴县文管会主任张志新在20世纪70年代参与了澄湖考古发掘，80年代初期协助魏采苹一行对吴东水乡妇女服饰做田野调查，还在保圣寺天王殿先后筹办了“澄湖出土文物展”“吴东水乡妇女服饰民俗展览”，他的著作《吴史漫考》为本书编写提供了极大的帮助。原吴县胜浦文化站副站长马觐伯，为保护吴地传统文化作出了很大贡献，尤其是他在20世纪90年代初拍摄了许多反映吴地劳动人民生产生活的照片，他不仅赠送了最新出版的充满怀旧味、乡土风的散文集《乡间拾梦》，还让周民森上门挑选书稿需要的老照片。原吴县文教局副局长、吴中区非遗办顾问李福康，一如既往地关心支持角直水乡妇女服饰的保护与传承工作，为本书编写出谋划策。中国文联民间文艺艺术中心副主任刘加民阅读了书稿，深感本书的编写出版具有开创性意义，欣然为本书作序……

关心支持本书编写出版的领导和专家不胜枚举。尤其是魏采苹老师，她今年 86 岁高龄，但思维敏捷，情怀深厚。10 多年前，她就慷慨地把当年到吴东地区田野调查的报告手稿提供给周民森参考。今年 3 月 4 日，编委们把书稿送交给魏老师，请她抽空审阅，提出宝贵意见。一周时间不到，魏老师就来电告知“书稿看完了”。当编委们再次前往南京取书稿时，魏老师动情地说：“你们了不起啊，书稿越看越让我感动，而且很激动。你们得到了镇党委、政府的支持，为苏州角直水乡妇女服饰的申遗、调研、溯源、展演以及研究整理、保护传承等做了很多工作，取得了辉煌的成果。你们把汉民族的劳动人民服饰推向全国，推向世界，让世界人民认识了我们。我对书稿真的没有意见，非常感激你们为我们国家，为我们汉民族做出的积极贡献。”编委们深切理解魏采苹老师极其朴实的民族情谊、家国情怀，她对书稿的褒扬，是对后辈们工作的支持和鼓励。

本书的出版，得到了国家非物质文化遗产保护资金的鼎力相助，得到了江苏省、苏州市、吴中区文化部门领导的关心和支持，在此表示诚挚的感谢。

由于编纂人员的学识水平有限，阅历经验缺乏，在章节安排、文字表达、资料应用等方面，肯定有不妥和疏漏，甚至谬误，敬请专家学者、领导同人和读者朋友们批评指正。

本书编纂委员会

2024年3月31日